1001 Cool Freaky Facts

Published by Hinkler Books Pty Ltd, 45-55 Fairchild Street, Heatherton, Victoria 3202, Australia
www.hinkler.com
© Hinkler Books Pty Ltd 2005

Korean language edition © 2020 by UI Books
Korean translation rights arranged with CURIOUS UNIVERSE UK LIMITED through
EntersKorea Co., Ltd., Seoul, Korea.

1001가지 쿨하고 흥미진진한 신기한 사실들

1판 1쇄 인쇄 2020년 5월 5일
1판 1쇄 발행 2020년 5월 10일

저자 닉 브라이언트(Nick Bryant)
그림 글렌 싱글레톤(Glen Singleton)
역자 박효진
펴낸이 이윤규

펴낸곳 유아이북스
출판등록 2012년 4월 2일
주소 서울시 용산구 효창원로 64길 6
전화 (02) 704-2521 **팩스** (02) 715-3536
이메일 uibooks@uibooks.co.kr

ISBN 979-11-6322-041-1 43400
값 13,800원

• 이 도서의 국립중앙도서관 출판예정도서목록(CIP)은 서지정보유통지원시스템 홈페이지(http://seoji.nl.go.kr)와
  국가자료종합목록 구축시스템(http://kolis-net.nl.go.kr)에서 이용하실 수 있습니다. (CIP제어번호 : CIP2020016863)

차례

동물에 대한
신기한 사실들

1 **뒤로** 날 수 있는 유일한 새는
   벌새예요.

2 **대왕오징어는** 세상에서 제일
   큰 눈을 가지고 있어요.

3 **금붕어의** 기억은 3초밖에
   가지 않아요.

꼭 저렇게 뒤로
날 수 있다고
보여 주려다가,
무리에서
떨어지는 벌새가
한 마리씩
있더라.

흠흠흠
흐음흠

이렇게 수족관
끝까지 내려온
건 처음이야!!
수족관 반대쪽
미지의 세계도
탐험해 봐야지!

4 **쥐는** 낙타보다 물 없이 더 오래 살
   수 있어요.

5 **도쿄에서는** 개를 위한 부분
   가발을 팔아요.

6 **돌고래는** 한쪽 눈을 뜬 채로 잠을
   자요.

7   **악어는** 혀를 내밀 수 없어요.

8   **포유류의** 피는 빨간색이고, 곤충의 피는 노란색, 그리고 바닷가재의 피는 파란색이에요.

9   **소리가** 크고 빠른 음악은 흰개미의 씹는 속도를 빠르게 만들어요.

10 **대왕고래의** 혀는 코끼리보다 무거워요.

11 **타조의** 눈은 타조의 뇌보다 커요.

12 **박쥐는** 동굴을 나갈 때 항상 왼쪽으로 나가요.

13 **집고양이는** 미국에서 1년에 약 10억 마리의 야생 새를 죽여요.

14 **호랑이의** 줄무늬는 털에만 있는 것이 아니라 피부에도 있어요.

출퇴근 길 박쥐 동굴 앞의 풍경

우리 호랑이 친구 테리는 옷 갈아입을 때 조심해야 해요. 왜냐하면, 테리는 혼자만의 비밀을 간직하고 있거든요. 다른 호랑이 친구들은 줄무늬 피부를 가지고 있는데, 테리는… 점박이 피부를 가지고 있어요!

15 **대왕고래의** 휘파람 소리는 동물들이 낼 수 있는 소리 중에 제일 큰 소리예요.

16 **기린의** 심장 무게는 11kg 이상 나가고, 크기는 60cm이며, 7.5cm 두께의 벽을 가지고 있어요.

17 **낙타는** 바람에 날리는 모래로부터 눈을 보호하기 위해 세 겹의 눈꺼풀을 가지고 있어요.

18 **두더지는** 하룻밤 만에 90m의 구멍을 팔 수 있어요.

눈앞이 보이지 않는 두더지가 90m 길이의 긴 터널을 만들 수 있다고 해도,
어디를 향해 구멍을 파고 있는지는 알고 있는 것은 아니에요!

19 **코끼리는** 쥐를 무서워하지 않아요.

20 **민달팽이는** 네 개의 코를 가지고 있어요.

코끼리는 쥐를 무서워하지는 않지만, 쥐와 비슷하게 생겼고 바위 위를 껑충껑충 난폭하게 뛰어다니는 르완다에 사는 설치류 같은 종류는 무서워해요.

안녕, 덩치야!

알려주지 말아봐! 일단 씻겨졌고…, 털을 자르고…, 린스를 바른 뒤…, 털을 말렸지. 맞지?

21 **고양이** 주인의 25퍼센트가 고양이의 털을 직접 말려줘요.

22 **암컷** 모기만 물어요.

23 **뱀은** 자기 자신의 독에 면역이 되어 있어요.

24 **공룡은** 최소 80살부터 최대 300살까지 살 수 있다고 추정하고 있어요. 이것은 과학자들이 공룡의 뼈 구조를 연구해서 알아낸 결과이죠.

25 **가장** 빠른 새는 송골매로, 이 새는 시속 300km보다 빠르게 날 수 있어요.

26 **카리브해** 지역에는 무려 나무를 오를 수 있는 굴이 있어요.

27 **모기는** 파란색을 제일 좋아해요.

28 **고양이는** 단맛을 느낄 수 없어요.

8

29 **대부분의** 파충류는 두 개의 생식기를 가지고 있어요.

30 **왜가리들은** 곤충을 물에 떨어트린 뒤에, 곤충을 먹으러 수면으로 다가오는
물고기를 잡아먹어요.

머리가 나쁜 왜가리들은 곤충을 먹으러 수면으로 올라오는 물고기가
자그마한 물고기만 있는 게 아니라는 걸 뒤늦게 깨닫게 되죠.
이렇게 더 크고 굶주린 물고기가 있을 수도 있어요.

31 **어미** 가마우지는 새끼들이 둥지를 떠날 준비가 되었다고 생각하면, 둥지를
완전히 부숴서 새끼들이 떠나도록
만들어요.

32 **세상에서** 제일 큰 알은 타조
알이에요. 타조알은 최대 20cm
길이에, 15cm의 지름을 가지고
있어요.

세상에! 타조 알이네!
이걸 어떻게 다 먹지?

33 **세상에서** 제일 작은 알은 벌새의 알이에요. 알의 크기는 지름이 1cm도 안 된답니다.

34 **카멜레온은** 눈이 보이지 않아도 피부색을 주변 환경에 맞게 바꿀 수 있어요.

사람들이 하는 말 들을걸…. 아침으로 벌새 알 한 개, 잼을 바른 토스트 하나, 그리고 차 한 잔…. 이렇게 적게 먹고 하루 종일 일하러 나가야 한다니!!

좋아, 누가 더 똑똑한가 보자! 그 배경 색깔은 너무 별로야, 난 그렇게 변하지 않겠어!

35 **흰머리수리는** 수영을 할 수 있어요.

36 **얼룩말은** 까만 바탕에 흰 줄무늬가 있는 것이 아니라, 하얀 바탕에 까만 줄무늬가 있는 거예요.

37 **남아메리카에** 살고 있는 새를 잡아먹는 거미는 다리의 폭이 30cm라고 해요.

너 어제 TV에 나온 남아메리카 초대형 거미 봤어? 그 큰 거미가 새를 잡아먹는대.

봤어, 봤어! 우리가 남아메리카에 살지 않아서 정말 다행이야.

38 **통계학적으로** 봤을 때, 사람이 상어에 공격당할 확률보다 소에 공격당할 확률이 더 높아요.

으아아아!! 빨리 모두 도망쳐요!! 물속에 소가 있어요!

39 **독수리는** 작은 사슴만 한 크기의 동물을 죽여서 옮길 수 있어요.

40 **새끼** 판다는 태어났을 때 쥐보다도 작아요.

41 **여왕벌은** 다른 여왕벌을 쏠 때만 침을 사용해요.

42 **코끼리의** 임신 기간은 최대 22달까지도 가요.

입덧을 22달 동안 하고, 소파에 앉아서 TV를 보며 아기 옷을 뜨개질하고…, 아스파라거스랑 초콜릿 소스를 버무린 정어리랑 모든 음식에 땅콩버터를 발라서 먹고…. 이러다간 코끼리처럼 커지게 되고 말 거야!!!

쉿! 조용히 하렴! 아침드라마 시작한다!

43 **카멜레온의** 혀는 카멜레온의 몸보다 두 배 길어요.

44 **뿔도마뱀은** 적을 쫓아내기 위해 눈꺼풀에서 피를 뿜어내요.

45 **같은** 무게를 기준으로 비교해 봤을 때, 거미줄은 강철보다 튼튼해요.

46 대왕고래의 심장은 1분에 아홉 번밖에 안 뛰어요.

47 고슴도치의 심장은 1분에 300번 뛰어요.

48 말은 서서 잠잘 수 있어요.

49 **고양이는** 강아지보다 네다섯 배의 단백질이 필요해요.

50 **막** 태어난 아기 캥거루는 2cm 정도의 크기예요.

51 **전기뱀장어는** 한 번의 충격에 600볼트의 전기를 만들 수 있어요. 이건 말을 쓰러트려 버리기에도 충분할 정도죠!

52 **침팬지는** 사람 다음으로 도구를 제일 잘 사용하는 동물이에요.

53   **바닷가재는** 포식자가 바닷가재의 다리, 집게, 더듬이를 뜯어 먹었다 하더라도, 그것들을 다시 재생할 수 있어요.

54   **흰머리수리의** 둥지는 최대 3.65m 깊이만큼, 그리고 3m 넓이만큼 크게 짓는 경우도 있어요.

55   **앵무새는** 새 중에 가장 오래 사는 새예요. 앵무새는 150살까지 살 수 있다는 연구 결과도 있답니다.

56   **아프리카코끼리는** 이빨이 네 개밖에 없어요.

57   **날치는** 바람이 부는 방향을 따라 물 위를 날아요. 날치는 최대 해상 6m의 높이만큼 날 수 있어요.

58   **뱀** 중에서도 바다뱀의 독은 가장 강력하고 위험해요.

59 **가리비는** 조개 입을 빠르게 벌리고 닫으면서 수영해요. 조개 입을 빠르게 벌리고 닫으면 물이 밀려나면서 가리비가 앞으로 나갈 수 있어요.

60 **어떤** 문어들은 음식이 담긴 병을 열 수 있을 만큼 똑똑해요. 그래서 수족관에서는 수족관에 사는 문어들이 심심하지 않도록 퍼즐이나 게임들을 준답니다.

수족관에 살고 있는 문어 오스카는 퍼즐과 게임을 하고도 시간이 남아서, 수족관에서 탈출하는 방법을 찾아보고 있어요.

61 **여우는** 가끔 소의 뒷굽을 물어서 소가 뛰어다니도록 만들어요. 소들이 쿵쾅쿵쾅하고 뛰면, 쥐와 같은 설치류가 땅에서 나오기 때문에 여우가 잡아먹기가 쉽거든요.

62 **폐어는** 최대 4년 동안 물 밖에서 살 수 있어요.

63 **북극곰은** 최대 100km를 쉬지 않고 수영할 수 있대요.

64 **개미는** 자기 몸무게의 10배나 되는 것을 들어 올릴 수 있어요.

쟤 좀 봐, 왜 저렇게 잘난 척이야?

그러게 말이야! 우리도 쟤처럼 우리 몸무게 10배나 되는 걸 들어 올릴 수 있는데 말이야!

65 **이집트** 독수리는 타조 알을 먹어요. 이집트 독수리는 타조 알을 깨기 위해 돌을 이용해요.

66 **도롱뇽은** 피부를 통해 숨을 쉬어요.

67 **영국에는** 농부가 본인이 키우는 돼지에게 장난감을 줘야 하는 법이 있어요.

68 **코뿔소의** 뿔은 털이 단단하게 뭉쳐 만들어졌어요.

69 **딱따구리는** 나무를 1초에 최대 20번 쫄 수 있어요.

70 **키위새는** 짝을 만나면 평생 같이 살아요. 최대 30년까지도 같이 산답니다.

71 **수컷** 해마는 알이 부화하기 전에 자신의 배주머니 속에 알을 보관해요.

72 **상어는** 단단한 뼈가 없어요. 상어의 뼈대는 물렁뼈로 이루어져 있기 때문이죠.

73 **다람쥐는** 자기가 숨겨 놓은 음식의 절반은 어디에 뒀는지 기억하지 못해요.

74 **스테고사우루스의** 뇌는 호두만큼 작았어요.

스테고사우루스는 호두만 한 작은 뇌 때문에
물리학 시간에 수업을 하나도 알아들을 수가 없었어요.

75 **문어는** 심장이 세 개가 있어요.

76 **사마귀는** 곤충 중에서 유일하게 고개를 돌릴 수 있는 곤충이에요!

77 **펭귄은** 짠 바닷물을 마실 수 있어요. 왜냐하면 펭귄은 목구멍 안에 물에서 소금을 걸러주는 염선을 가지고 있거든요.

78 **미국에는** 플라밍고 모형이 진짜 살아 있는 플라밍고보다 많아요.

79 **기린** 목에 있는 척추뼈의 개수는 쥐가 가지고 있는 척추뼈의 개수와 똑같아요.

80 **칠면조는** 폭풍우가 오면 종종 고개를 올려 하늘을 봐요. 칠면조는 안타깝게도 이렇게 하늘을 보다가 익사하는 경우도 있어요.

81 **스코틀랜드의** 법에 따라 네스호 괴물은 보호 동물로 지정되었어요.

82 **2차** 세계대전 중, 남아프리카 군대에서는 원숭이가 군인으로 상병까지 진급했어요.

83 **달팽이는** 3년 동안 잠을 잘 수 있어요.

일어나 잠꾸러기야! 일어나, 일어나! 네가 피곤하다는 게 지금 말이 돼? 너 3년이나 푹 잤잖아!

아함~~~

84 **다** 자란 곰은 말만큼이나 빠르게 달릴 수 있어요.

85 **양은** 사진에서 다른 양들의 얼굴을 구분할 수 있어요.

86 **메뚜기는** 하루 만에 자기 몸무게만큼의 음식을 다 먹어 치울 수 있어요. 만약 사람이 자기 몸무게만큼의 음식을 다 먹으려면 여섯 달이 걸린답니다.

이 양이에요! 이 양이 범인이에요! 제 가방을 훔친 범인이요. 이 뿔 모양, 제가 죽을 때까지 잊을 수 없을 거예요!

수배범 양

87 **벌은** 다섯 개의 눈을 가지고 있어요.

88 **상어는** 매년 40명의 목숨을 앗아가요. 그런데 이 수는 매년 물에 빠져 죽는 사람 수에 비하면 매우 작은 숫자랍니다.

89 **꿀벌은** 독사보다 많은 사람의 목숨을 앗아가요.

90 **북극곰은** 왼손잡이예요.

91 **모기** 퇴치제는 모기를 물리치지 못해요. 모기 퇴치제는 모기가 냄새를 맡지 못하게 만들어서, 근처에 사람이 있는지 알 수 없게 만드는 역할만 한답니다.

92 **얼룩말** 새끼는 태어나서 1시간 만에 무리와 함께 뛰어다닐 수 있어요.

93 **바다** 메기는 몸 전체로 맛을 느낄 수 있어요.

94 **북극곰** 털은 하얀색이 아니라 반투명이랍니다.

95 **어떤** 메뚜기는 애벌레로 15년 동안 땅 밑에서 살다가 어른이 되어 몇 주만 살고 죽는 경우도 있답니다.

15년 동안 땅 밑에서 살았으니, 이제 땅 위에 있는 모든 식물을 먹어 치울 준비가 됐어!

96 **나비는** 발을 통해서 맛을 느껴요.

97 **쥐** 몸에 사는 벼룩은 아마 지금까지 사람 목숨을 제일 많이 앗아갔을 거예요. 왜냐하면 흑사병을 퍼뜨렸거든요.

야, 오늘 뭐 할 거야?

음…. 오늘 쥐 몸에서 내려서 순진한 사람들 몇 명 물고 다닐까 해. 흑사병을 조금 퍼트리고, 유럽의 반을 날려버리는 거지.

98 **북극곰은** 발바닥에 털이 있는 유일한 포유동물이에요.

99 **전** 미국 대통령 존 퀸시 아담스는 애완동물로 악어를 길렀어요. 백악관의 동쪽 방에서 악어를 키웠죠.

100 **개미** 세상에서는 암컷 개미가 모든 일을 다 도맡아 한답니다.

101 **바퀴벌레는** 머리가 잘려도 배가 고파서 죽지 않는 한 최대 2주까지 살 수 있어요.

102　강아지는 10가지 정도의 목소리를 낼 수 있어요. 고양이는 100가지가 넘는 목소리를 낼 수 있어요.

103　바다코끼리는 햇볕에 너무 오래 있으면 핑크색으로 변해요.

104　매년 사냥꾼에 의해 죽는 동물보다 차에 치여 죽는 동물이 더 많아요.

105　비버는 물속에서 최대 45분 동안 숨을 참을 수 있어요.

106　공식적으로 강아지 품종의 종류는 무려 500가지가 넘는답니다.

107　독수리는 특이한 방어법을 가지고 있어요. 자기 몸을 방어하기 위해 적에게 토를 해버려요.

108　암컷 비둘기는 다른 비둘기와 마주쳐야 알을 낳아요. 만약 다른 비둘기와 마주치지 못했다면, 거울을 통해 본인 모습을 보며 알을 낳는답니다.

109 **암컷** 카나리아는 노래를 부를 수 없어요.

110 **바퀴벌레는** 핵폭탄이 터져도 살아남을 수 있어요. 왜냐하면 방사능이 다른
생명체들에게 영향을 끼치는 만큼 바퀴벌레에게는 영향을 주지 못하거든요.

111 **뱀상어의** 새끼들은
엄마의 자궁 안에 있는
동안 서로 싸움을 해요.
그리고 그 싸움에서
이긴 새끼만 태어나죠.

112 **어떤** 도마뱀들은
소리를 들을 때 폐를
사용해요. 소리가
도마뱀의 가슴 부분을
진동시키면, 그 진동이
폐에서 소리를 들을 수 있는 도마뱀의 머리로 전달돼요.

113 **오랑우탄은** 큰 소리로 트림을 해서 자신의 영역에 들어온 침입자를 쫓아내요.

114 **개구리도** 토를 할 수 있어요. 개구리는 먼저 위를 토해 내서 입 밖에 대롱대롱 내놓아요. 그리고는 위에 들어 있는 내용물을 앞다리로 파낸 다음, 다시 위를 배 속으로 삼키죠.

115 **호주** 지렁이는 3m까지 자랄 수 있어요.

116 **코끼리와** 인간만이 동물 중에서 유일하게 물구나무를 설 수 있어요.

에릭, 그게 아냐! 어…, 어…!! 옆으로 넘어오면 어떡해!

코끼리 에릭은 물구나무서는 것에 만족하지 못해서 더 어려운 체조를 시도했어요.
하지만 그 시도가 좋지 않은 결과를 가져왔어요….

117 **독화살** 개구리는 2200명의 목숨을 앗아갈 만큼의 독을 가지고 있어요.

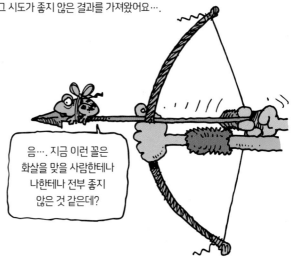

음…. 지금 이런 꼴은 화살을 맞을 사람한테나 나한테나 전부 좋지 않은 것 같은데?

25

118 **낙타는** 한 번에 136L의 물을 마실 수 있어요.

119 **쥐**와 말은 토를 못해요.

120 **경주마의** 말굽 편자는 경주 한 번으로 다 닳는 경우도 있어요.

121 **피라미는** 목구멍에 이빨이 있어요.

122 **불가사리가** 잘리면, 잘린 조각 하나하나가 다시 각기 다른 불가사리로 자라나요.

123 **돌고래는** 물속에서 24km 떨어진 곳에서 들려오는 소리까지 들을 수 있어요.

124 **가리비는** 눈이 35개나 있어요.

125 **어떤** 침팬지와 오랑우탄은 사람이 사용하는 수화를 성공적으로 배웠어요.

126 **대부분의** 곤충들은 귀가 들리지 않아요.

127 **돌고래는** 다 같이 무언가를 하기 전에 모여서 회의를 한답니다. 각 돌고래는 결정이 날 때까지 의견을 낼 수 있어요.

128 **달팽이는** 기어갈 때 피부를 보호할 수 있도록 아래쪽에 끈적한 분비물을 내뿜어요. 분비물을 내뿜으면 심지어 면도칼 날 위로도 다치지 않고 지나갈 수 있답니다.

129 **지렁이는** 심장이 다섯 개나 있어요.

130 **지금** 애완용으로 기르고 있는 모든 햄스터는 1930년 야생에서 발견된 단 한 마리의 임신한 암컷의 자손들이에요.

131 **어떤** 파충류는 눈이 각각 따로 움직여서, 두 방향을 한 번에 볼 수 있어요.

132 **해달** 무리는 해초로 서로서로를 묶어서 자는 동안 물에 떠내려가지 않도록 해요.

133 **낙타의** 혹은 물이 아닌 지방을 저장해요.

134 **에뮤와** 캥거루는 뒤로 걸을 수 없어요.

135 **고양이는** 레몬을 싫어해요.

136 **털북숭이** 매머드의 상아 길이는 5m였어요.

137 **장님거미는** 검은과부거미보다 독한 독을 가지고 있지만, 장님거미의 송곳니는 사람의 피부를 관통하지 못해요.

138 **낙타는** 심기에 거슬리는 것이 있으면 침을 뱉어요.

139 **벌은** 다 자란 상태로 태어나요.

91가지
재밌는 공포증

140 목욕 공포증(Ablutophobia)은
목욕을 무서워하는
공포증이에요.

141 진드기 공포증(Acarophobia)은
가려운 것을 무서워하는
공포증이에요.

난 목욕 안 할 거야!
이 공포증이 바로
내가 걸린
공포증이네!
목욕 공포증,
목욕하는 것을
무서워한다.
엄마한테 내가 이
공포증에 걸렸다고
얘기해야겠다.

으아아!
매운맛
치킨 다섯
조각이라니!
너무 무서워!

142 도로 횡단
공포증(Agyrophobia)은
횡단보도를 건너거나 길거리를
다니는 것을 무서워하는
공포증이에요.

143 닭 공포증(Alektorophobia)은
닭을 무서워하는
공포증이에요.

밥은 닭 공포증이 있어서 치킨 배달점 앞에 붙여진 '다섯 조각 치킨
이벤트(그리고 무료 음료까지)' 포스터를 보고도 무서워한답니다.

144 마늘 공포증(Alliumphobia)은 마늘을 무서워하는 공포증이에요.

145 기억상실 공포증(Amensiophobia)은 기억상실에 걸리는 것을 무서워하는
공포증이에요.

146 올려다보기
공포증(Anablephobia)은 하늘을
올려다보는 것을 무서워하는
공포증이에요.

아놀드는 하늘을
보는 것을
무서워해요.
하늘을 보지 않아서
결국은….

이 그림자 생긴 게
좀 불길한데?
하늘을 볼 수는
없고…, 음…,
이 그림자가 뭘
닮았냐면….

147 바람공포증(Anemophobia)은
바람을 무서워하는 공포증이에요.

148 무한 공포증(Apeirophobia)은
무한성에 대해 공포를 느끼는 공포증이에요.

149 땅콩버터 공포증(Arachibutyrophobia)은 땅콩버터가 입천장에 붙는 것을
두려워하는 공포증이에요.

150 자가불결공포증(Automysophobia)은 더러워지는 것을 두려워하는
공포증이에요.

내 생각에 나는 더러워지는 걸
무서워하는 것 같아.

그게 말이 돼? 넌 돼지야! 더러워지는 건
돼지가 하는 일이라고!

151 **중력** 공포증(Barophobia)은 중력을 무서워하는 공포증이에요

152 **걷기** 공포증(Basiphobia)은 걷는 것을 무서워하는 공포증이에요.

153 **책** 공포증(Bibliophobia)은 책을 무서워하는 공포증이에요.

154 **부기** 공포증(Bogyphobia)은 부기맨(귀신의 종류)을 무서워하는 공포증이에요.

155 **자취증**(Bromidrosiphobia)은 몸이 깨끗한 것을 무서워하는 공포증이에요.

156 **털** 공포증(Chaetophobia)은 털을 무서워하는 공포증이에요.

157 **금전** 공포증(Chrometophobia)은 돈을 무서워하는 공포증이에요.

158 **시간** 공포증(Chronophobia)은 시간을 무서워하는 공포증이에요.

159 **잠** 공포증(Clinophobia)은 잠에 드는 것을 무서워하는 공포증이에요.

160 **묘지** 공포증(Coimetrophobia)은 묘지를 무서워하는 공포증이에요.

161 **광대** 공포증(Coulrophobia)은
광대를 무서워하는
공포증이에요.

162 **컴퓨터**
공포증(Cyberphobia)은 컴퓨터나
컴퓨터로 무언가를 하는 것을
무서워하는 공포증이에요.

163 **자전거** 공포증(Cyclophobia)은 자전거를 무서워하는 공포증이에요.

164 **결정** 공포증(Decidophobia)은 결정을 내리는 것을 무서워하는 공포증이에요.

165 **동물** 털 공포증(Doraphobia)은 동물의 털을 무서워하는 공포증이에요.

166 **주거** 공포증(Ecophobia)은 집을 무서워하는 공포증이에요.

이것 봐! 바퀴 세 개가 두 개보다 낫네!

난 바퀴 하나면 충분한데?

'자전거 형제'라고 불리던 에릭하고 에드워드 형제는 자전거 공포증이라는 진단을 받고, 두발자전거를 대신할 수 있는 다른 수단을 골랐어요. 그리고 새로운 것을 더욱 즐기게 되었죠.

167 **구토** 공포증(Emetophobia)은 토하는 것을 무서워하는 공포증이에요.

테리, 어서 이거 좀 먹어 봐! 이 크림 도넛 겨우 20개째잖아.

이 아이스크림도 먹어봐. 테리, 겨우 9개째라고!

빨리! 캐비어 세 통은 더 먹을 수 있잖아!

테리는 아무리 많이 먹어도 토하지 못해요. 테리는 구토 공포증이 있거든요.

168 **턱** 공포증(Geniophobia)은 턱을 무서워하는 공포증이에요.

169 무릎 공포증(Genuphobia)은 무릎을 무서워하는 공포증이에요.

170 맛 공포증(Geumaphobia)은 맛을 무서워하는 공포증이다.

171 지식 공포증(Gnosiophobia)은 지식을 무서워하는 공포증이에요.

172 나체 공포증(Gymnophobia)은 벌거벗는 것을 무서워하는 공포증이에요.

173 일광 공포증(Heliophobia)은 해를 무서워하는 공포증이에요.

174 새로운 아이디어 공포증(Ideophobia)은 아이디어를 무서워하는 공포증이에요.

175 도둑질 공포증(Kleptophobia)은 도둑질을 무서워하는 공포증이에요.

176 방 공포증(Koinoniphobia)은 방을 무서워하는 공포증이에요.

177 먼지 공포증(Koniophobia)은 먼지를 무서워하는 공포증이에요.

178 채소 공포증(Lachanophobia)은 채소를 무서워하는 공포증이에요.

179 흰색 공포증(Leukophobia)은 하얀색을 무서워하는 공포증이에요.

180 **언어** 공포증(Logophobia)은 말을 무서워하는 공포증이에요.

181 **수달** 공포증(Lutraphobia)은 수달을 무서워하는 공포증이에요.

182 **장시간** 기다림 공포증(Macrophobia)은 오랜 시간 동안 기다려야 하는 것을 무서워하는 공포증이에요.

에드워드, 미안해요. 당신이 타야 하는 기차는 3주 전부터 운행이 정지됐어요. 더 이상 운행하지 않아요.

그러면 저는 어떻게 집에 가나요…?

친절한 역장인 존스 아저씨는 장시간 기다림 공포증이 있는 에드워드에게 기차가 더 이상 운행하지 않는다는 사실을 털어놓았어요.

183 **유성** 공포증(Meteorophobia)은 유성우를 무서워하는 공포증이에요.

184 **미생물** 공포증(Microphobia)은 작은 것들을 무서워하는 공포증이에요.

185 **기억** 공포증(Mnemophobia)은 기억을 무서워하는 공포증이에요.

186 **개미** 공포증(Myrmecophobia)은 개미를 무서워하는 공포증이에요.

나는 우주에서 지구로 유성이 떨어질까 봐 너무 무서워. 그렇지만 과학자들이 유성이 지구에 있는 사람한테 떨어질 확률은 1조 분의 1이라고 했어. 난 더 이상 무섭지 않아!

187 끈적임 공포증(Myxophobia)은 끈적끈적한 것들을 무서워하는 공포증이에요.

188 안개 공포증(Nebulaphobia)은 안개를 무서워하는 공포증이에요.

해롤드는 안개를 피하기 위해 문이란 문은
다 닫았는데, 고양이 출입문을 깜빡했어요.
그 덕에 안개가 거실로
들어와서 잠에 든
해롤드를
자욱하게
감쌌어요.

189 구름 공포증(Nephophobia)은 구름을 무서워하는 공포증이에요.

190 이름 공포증(Nomatophobia)은 이름을 무서워하는 공포증이에요.

191 숫자 공포증(Numerophobia)은 숫자를 무서워하는 공포증이에요.

192 탈 것 공포증(Ochophobia)은 차량과 같은 탈 것을 무서워하는 공포증이에요.

말의 힘은 엉청 세요! 다시 말을 탑시다!

말에게 일자리를 돌려 주세요!

탈 것 공포증이
있는 설리는 말을
다시 교통수단으로
사용하자는 운동을 하고
있어요.

일자리를 잃고
방목장에서 멍하게
풀이나 뜯으면서 산 지가
벌써 5년이나 됐어요!

193 **비** 공포증(Ombrophobia)은 비를 무서워하는 공포증이에요.

알렉스는 비를 너무너무 무서워해서, 폭풍이 지나갈 때까지 이틀 동안 벽에 딱 붙어서 꼼짝달싹 못하고 비를 피하고 있었어요.

194 **눈** 공포증(Ommetaphobia)은 생물의 눈을 무서워하는 공포증이에요.

195 **새** 공포증(Ornithophobia)은 새를 무서워하는 공포증이에요.

196 **얼음** 공포증(Pagophobia)은 얼음이나 서리를 무서워하는 공포증이에요.

197 **종이** 공포증(Papyrophobia)은 종이를 무서워하는 공포증이에요.

198 **13일의** 금요일 공포증(Paraskavedekatriaphobia)은 13일인 금요일을 무서워하는 공포증이에요.

199 **소아** 공포증(Pedophobia)은 아이들을 무서워하는 공포증이에요.

으아아! 아기들이다!

엄마는 아이들을 너무 무서워해서, 아이들을 피하기 위해 의자 위로 올라갔어요. 이제 더 이상 피할 장소가 없었어요…. 벽을 타지 않는다면 말이지요!

맘마.

아아.

까아.

200 **탈모** 공포증(Peladophobia)은 대머리인 사람들을 무서워하는 공포증이에요.

201 **먹기** 공포증(Phagophobia)은 먹거나 삼키는 것을 무서워하는 공포증이에요.

202 **사랑** 공포증(Philophobia)은 사랑에 빠지는 것을 무서워하는 공포증이에요.

에스멜다는 사랑 공포증이 있었지만, 공포증이 없는 것처럼 보이기 위해서 사랑에 관심 없는 척을 했어요.

203 **소리**
공포증(Phonophobia)은
소리를 무서워하는
공포증이에요.

204 **광선**
공포증(Photophobia)은
빛을 무서워하는
공포증이에요.

광선 공포증은
멋진 선글라스를 써서
극복할 수 있어요.
하지만 너무 어두워서
앞을 잘 못 볼
수도 있죠.

205 **재물** 공포증(Plutophobia)은
재물을 무서워하는 공포증이에요.

206 **공기** 공포증(Pneumatophobia)는
공기를 무서워하는 공포증이에요.

공기를 무서워한다면
숨도 참아야 하지
않을까요?

207 **수염** 공포증(Pogonophobia)은
수염을 무서워하는 공포증이에요.

멋진 수염 선발 대회

음,
그래서
여기가 모델 선발
대회가 아니라는 말이지?
여긴 모델 일을 좋아하는 사람이나
수염을 무서워하는 사람에겐
정말 최악인 장소네!

208 **깃털** 공포증(Pteronophobia)은 깃털로 간지럼을 태우는 것을 무서워하는
공포증이에요.

209 **개구리** 공포증(Ranidaphobia)은 개구리를 무서워하는 공포증이에요.

210 **진흙** 공포증(Rupophobia)은 먼지를 무서워하는 공포증이에요.

211 핼러윈

공포증(Samhainophobia)은
핼러윈을 무서워하는
공포증이에요.

212 달 공포증(Selenophobia)은
달을 무서워하는
공포증이에요.

213 수면

공포증(Somniphobia)은
잠드는 것을 무서워하는 공포증이에요.

214 좌우대칭 공포증(Symmetrophobia)은 좌우가 똑같이 대칭적인 것을
무서워하는 공포증이에요.

215 친척 공포증(Syngenesophobia)은 친척들을 무서워하는 공포증이에요.

216 **생매장** 공포증(Taphephobia)은 산 채로 묻혀 버리는 것을 무서워하는 공포증이에요.

217 **기형** 공포증(Teratophobia)은 괴물을 무서워하는 공포증이에요.

218 **이발** 공포증(Tonsurophobia)는 머리 자르는 것을 무서워하는 공포증이에요.

219 **떨림** 공포증(Tremophobia)은 덜덜 떨리는 것을 무서워하는 공포증이에요.

지미는 평생 기른 머리를 자르게 될까 봐 얼른 대화의 주제를 돌렸어요.
지미는 이발 공포증이 있거든요.

220 **13** 공포증(Triskaidekaphobia)은 숫자 13을 무서워하는 공포증이에요.

221 **배뇨공포증**(Urophobia)은 소변이나 소변보는 것을 무서워하는 공포증이에요.

222 **옷** 공포증(Vestiphobia)은 옷을
무서워하는 공포증이에요.

223 **계부** 공포증(Vitricophobia)은
새아빠를 무서워하는 공포증이에요.

224 **노란색** 공포증(Xanthophobia)은
노란색을 무서워하는 공포증이에요.

225 **외국인** 공포증(Xenophobia)은
낯선 사람이나 외국인을 무서워하는
공포증이에요.

마녀와 마술을
무서워하지 않던
사람

저 여자가
마녀일 줄
알았어!

226 **질투** 공포증(Zelophobia)은 질투를 무서워하는 공포증이에요.

227 **두더지** 공포증(Zemmiphobia)은 두더지를 무서워하는 공포증이에요.

228 **동물** 공포증(Zoophobia)은 동물을 무서워하는 공포증이에요.

드디어 마지막으로….

229 **공포** 공포증(Phobophobia)은 공포를 무서워하는 공포증이에요.

230 **모든** 것에 대한 공포증(Panophobia)은 말 그대로 모든 것을 무서워하는 공포증이에요.

조지는 모든 것이 무서워서 베개 밑으로 숨었어요. 하지만….

세계의
괴짜 같은 기록들

231 **지구에서** 가장 추웠던 온도는 1983년 7월 21일 남극, 보스토크에서 기록된 영하 89도예요.

너무 추워서 턱이 움직이질 않아…. '여기 영하 89도야!'라고 말하고 싶은데….

1983년 7월 21일, 남극, 보스토크에서.

232 **찰스** 오스본이라는 남자는 68년 동안이나 딸꾹질을 했어요.

233 **세계에서** 스카이콩콩을 타고 제일 많이 점프한 횟수는 20만 6864번이에요.

234 **부탄은** 가장 마지막으로 전화를 사용하기 시작한 나라예요. 1981년까지는 전화를 쓰지 않았죠.

46

235 **지금까지** 발견된 빙산 중에서 가장 큰 빙산은 1956년 남태평양에서 발견한 것이었어요. 그 빙산은 벨기에만큼 컸는데, 가로가 무려 332km의 너비에 세로 길이가 96km나 되었죠.

여보, 음료수에 얼음 얼마나 필요했지요?

일단 벨기에만한 얼음을 가져왔어요.

236 **전** 세계에서 가장 큰 나무는 코스트 레드우드로, 115.55m만큼 크답니다.

237 **세상에서** 가장 오래 한 키스의 시간은 50시간 25분 1초에요.

238 **세상에서** 가장 큰 궁전은 베이징에 있는 자금성이에요. 자금성에는 25년 동안 매일 다른 방에서 잘 수 있을 만큼 방이 많아요.

와! 저기 위에 오두막집을 짓는다고 생각해 봐!

239 **파도의** 힘을 이용해서 가는 보트로 가장 멀리 간 여행은 3280해리에요.

240 **남극은** 온통 얼음으로 덮여 있지만, 고비 사막보다도 건조해요.

241 **미국은** 110년 동안 제조업에서 1등을 차지한 나라였어요. 하지만 2010년부터는 중국이 1등을 차지했죠.

242 **한** 발로 가장 오래 서 있던 사람은 76시간 40분 동안 서 있었대요.

243 **영국에서** 가장 위험한 스포츠는 정원을 가꾸는 일이에요. 모든 사고의 20퍼센트는 정원에서 일어나거든요.

244 **세상에서** 가장 큰 호박은 782kg이었어요.

245 지구에서 가장 더웠던
온도는 1922년 9월 13일
리비아의 엘아지지아에서
기록된 57.8도예요. 목용할
때 물이 46도면 피부가
데인다고 하는데, 정말
더웠겠어요.

차가운 수돗물 대신 리비아에서 가져온 뜨끈한 물로 커피를 만들어 주세요! 리비아는 너무 더워서 물을 끓일 필요도 없을 테니까요!

246 세상에서 제일 코가 긴
사람은 토마스 웨더스라는 사람이었고, 코 길이가 무려 19cm나 됐다고 해요.
토마스는 1770년대에 서커스에서 긴 코를 보여주면서 일했었어요.

우리 아빠가 그러는데, 지금 같은 내 마음가짐만 가지고 있으면, 나중에 커서 저 멀리 있는 세계를 탐험하면서 다닐 수 있대!

그게 다야? 우리 아빠가 그러는데, 지금 같은 내 코만 가지고 있으면 나중에 커서 서커스에서 유명해질 수 있대!

247 세상에서 가장 긴 이름을 가진 도시는 태국에 있는 '방콕'이에요. 방콕의
원래 이름은 '끄룽텝 마하나컨 아먼 랏따나꼬씬 마힌타라윳타야 마하디록폼
놉파랏랏차타니 부리람 우돔랏차니 마하싸탄 아먼피만 아와딴싸팃
싹까탓띠야윗싸누깜쁘라씻'이에요. 이 긴 말의 의미는 '천사들의 도시'라는
뜻이에요. 이름이 너무 길기 때문에 종종 줄여서 '끄룽텝 마하나컨'이라고
줄여서 부른답니다.

248 **전갈을** 한번에 제일 많이 입에 물고 있던 기록은 22마리예요.

음! 읍읍읍으…. 아야! 읍읍 (번역)저기요! 제가 다시 전화 드릴게요…. 아얏! 제가 지금 누가 살아있는 전갈을 입에 제일 많이 물고 있을 수 있는지 대회에 참가하고 있어서요.

249 **최초의** 자동차 경주 경기는 1895년 미국 시카고에서 열렸어요. 경주 트랙은 일리노이 주의 시카고에서 시작해서 에반스턴까지였어요. 우승자는 J. 프랭크 듀리에로, 평균 속도는 시속 12km이었어요.

250 **달에** 있는 가장 큰 분화구는 태양계에서 가장 큰 분화구이기도 해요. 이 분화구의 지름은 2100km랍니다.

251 **존** 에반스는 세상에서 머리로 제일 무거운 것을 든 사람이에요. 머리 위에 무려 188kg인 101개의 벽돌을 올렸다고 해요.

죄송해요! 한 개 더 올릴 수 있을 거라고 생각했는데!

브라이언은 자신이 존의 머리 위에 102번째 벽돌을 올리는 바람에 존의 기록을 망친 것 같아 미안해했어요.

252 **지금까지** 발견된 진주 중에 가장 큰 진주는 테니스공만한 크기의 진주였어요.

여보, 진주목걸이를 선물해줘서 너무 고마워요. 근데 사람들이 테니스공을 목에 걸고 다니는 걸로 생각할까 봐 조금 걱정이에요!

253 **가장** 빠르게 분 바람은 1999년 5월 3일 오클라호마에서 불었던 바람으로, 그 속력이 시속 508km이었다고 해요.

좋은 연이었다….

1999년 오클라호마에서는 시속 508km의 바람이 티제이가 가장 아끼는 연을 가지고 날아가 버렸어요.

254 **지금까지** 알려진 가장 큰 화산은 화성의 올림푸스 몬스 화산이에요. 이 화산은 너비가 590km나 되고, 높이는 2만 4000m예요. 무려 에베레스트산 보다도 3배나 높답니다.

255 **이탈리아** 로마의 교황청(바티칸 시국)은 세계에서 제일 작은 나라예요. 여기에는 1000명이 조금 안 되는 사람들이 살고 있어요.

256 **세상에서** 제일 어린 나이로 대학교를 졸업한 사람은 10년 5개월의 나이로 1994년에 대학교를 졸업했어요.

257 **도로시** 스트레이트는 세상에서 가장 어린 작가예요. 도로시는 1964년에 6살의 나이로 《세상은 어떻게 시작하였나》라는 책을 냈답니다.

258 **세계에서** 제일 똑똑한 컴퓨터는 로렌스 리버모어 국립연구소에 있는 세쿼이아 슈퍼컴퓨터예요. 이 슈퍼컴퓨터는 코끼리 30마리만큼 무겁고, 1경 6300조 개의 계산을 1초 만에 할 수 있어요. 이것은 컴퓨터 연산처리 단위로 계산하면 1초당 16.3페타플롭이랍니다.

이 벽돌들이 나보다 무거우니까, 이걸 들고 올라가면 눈금이 움직이겠지?

셰릴은 가벼운 몸무게로 인해서 쇼핑센터에서 놀림을 당했어요. 게다가 세상에서 가장 가벼운 20대 여자로 자신이 책에 나온 것을 보고 몸무게를 늘리려고 결심했어요.

259 **세상에서** 제일 가벼운 사람은 20살일때 몸무게가 6kg이었대요.

260 **시애틀의** 존 브로워 미노치는 병원에 입원했을 때 몸무게가 634kg이었다고 해요. 16개월 후에 퇴원할 때에 그는 215kg이 되었답니다.

261 **가장** 오래된 바퀴벌레 화석은 2억 8000만 년이나 되었대요. 계산해 보면 바퀴벌레는 공룡이 나타나기 8000만 년 전부터 살기 시작했어요.

262 **제일** 소리가 큰 트림은 107.1 데시벨이었다고 해요. (하늘에 제트기가 지나갈 때 소리를 생각해 봐요.)

263 **물속에서** 숨을 제일
오래 참은 사람의
기록은 22분이에요.

이 사람 봐!
22분 동안이나
물속에서 숨을 참고
있어! 물고기야
사람이야?

저기 봐!
희한하게 생긴
물고기네?

내가 여기 올라온 지
196일이되었는데….
기록을 깨고 싶진
않은데 여기서
내려갈 수가 없어!
혹시 이 위로
음료수를 던져
주실 수 없나요?
조금 목이 마르네요!

264 **지금까지** 막대기 위에 가장
오래 앉아 있었던 사람의 기록은
196일이에요. 무려 2.5m 길이의
막대기 위에서 196일을 앉아
있었답니다.

265 사하라 사막에 유일하게 눈이 내렸던 때는 1979년 2월 18일뿐이었어요. 폭풍우는 30분 동안 계속되었고, 눈은 곧 녹았어요.

압둘과 알리는 사하라 사막에 유일하게 눈이 내리는 시기인
1979년의 30분을 놓치고 싶지 않았어요.
그래서 그들은 만반의 준비를 하고 있었답니다.

266 사람들이 달 위에서 유일하게 했던 스포츠는 골프예요.

267 세상에서 가장 짧았던 전쟁은 1896년 영국과 잔지바르 사이에 있었던 전쟁이었어요. 전쟁은 38분 동안 일어났고, 잔지바르가 항복하면서 막을 내렸어요.

268 닭이 가장 오래 날았던 기록은 13초예요.

269 구운 콩을 세상에서 제일 많이 먹은 나라는 영국이에요.

270 **세상에서** 가장 작은 나무는
난쟁이버들이에요. 그린란드의
툰드라에서 5cm만큼 자라요.

조심해주세요,
단 한 발자국으로 난쟁이버들
숲이 사라질 수 있어요!

271 **세상에서** 가장 오래 산 생명체는
'므두셀라'라고 불리는 브리슬콘
소나무고, 나이는 무려 4767살로
추정된대요. 이 나무는 캘리포니아와
네바다 쪽 국경에 있는 화이트
마운틴에 있어요.

아빠!
제가 찾은 것 좀 봐요!
제가 크리스마스 때 쓸
나무를 구해왔어요!

처키는 화이트마운틴에서 하이킹을 끝내고
4767살인 브리슬콘 소나무를 베어 집에 가지고 왔어요.

272 **기네스** 책은 공공도서관에서 가장 자주 도난당하는 책이라는 기록을 가지고
있어요.

273 **역사상** 가장 어렸던 부모는 1910년에 있었고, 나이는 각각 8살, 9살이었어요.

274 **유고슬라비아의** 승무원인 베스나 벌로비치는 1972년 1월 26일 1만 160m
상공인 비행기에서 떨어져 체코슬로바키아의 스르브스카 카메니체 마을 속
눈밭으로 추락했어요. 베스나는 역사상 가장 높은 곳에서 떨어졌지만 살아남은
사람이었어요.

자연의
신비로운 사실들

275 일본에서는 수박을 정리하기 쉽고 공간낭비를 막기 위해서 수박을 네모난
모양으로 키워요.

히로시는 20년 동안 수박을
잘 쌓으려고 노력해봤지만
결국 실패했어요.
그래서 더 좋은 아이디어를
떠올렸답니다.

앞으론 수박을 쌓아놔도
굴러떨어져서 안 깨지도록
수박을 네모나게 키워야겠어.

276 코를 막고 사과, 감자, 양파를 먹으면
셋 다 똑같이 단맛이 나요.

277 목성은 태양계에 있는 모든 행성들을
합친 것보다도 커요.

코를 막고 양파를
먹으면 마치 사과
같아요!
우리 사과값
아꼈네!

278 **뜨거운** 물은 차가운 물보다 무거워요.

279 **천연가스는** 냄새가 나지 않아요. 가스에 냄새가 더해진 이유는 안전을 위해서예요.

280 **연구에** 의하면, 식물들을 쓰다듬어 주면 더 잘 자란다고 해요.

281 **딸기에는** 오렌지보다 더 많은 비타민C가 들어 있어요.

올리브 아주머니는 아주머니가 키우는 모든 식물들이 잘 자라도록 쓰다듬어 주었어요. 하지만 구석에 있는 선인장은 너무 뾰족뾰족해서 어떻게 해 줘야 할지 고민하고 있었어요.

282 **달의** 41퍼센트는 지구에서 절대 볼 수 없어요.

지구에서 보이지 않는 달의 41퍼센트에서 실제로 일어나고 있는 일

283 **꽃가루는** 절대 없어지지 않아요. 꽃가루는 영원히 사라지지 않는 몇 안 되는 자연 물질 중 하나랍니다.

284 **블루문은** 한 달 중 두 번째에 뜨는 보름달이에요.

285 **우주의** 나이는 137억 5000만 살이에요.

이제 우주는 막 137억 5000만 살이 되었어요.

286 **지구는** 빙글빙글 돌고 있기 때문에 물건을 서쪽으로 던지면 더 멀리 날아가요.

287 **지금까지** 멸종한 많은 종들 중 90퍼센트는 새였어요.

왜 90퍼센트의
새들이 멸종했는지
알 수 있는 이유

288 **소리는** 물을 통해 전달되면 공기를 통해 전달되는 것보다 3배 더 빠르게 전달될
수 있어요.

289 **진짜** 베리의 종류는 포도, 토마토, 가지예요. 놀랍게도 라즈베리랑 블루베리는 베리에 포함되지 않아요.

290 **진주는** 식초가 닿으면 용해돼요.

만약 파티에서 진주 장신구를 한 여자분이 식초 드레싱 샐러드 앞에 서 있다면 꼭 얘기해줘야 해요. 진주가 식초에 빠지면 사라질 수도 있거든요!

냠냠. 오늘 저녁에 남편한테 샐러드를 만들어 줬어요. 남편은 식초만 넘으면 뭐든 잘 먹어요. 맨날 식초만 찾죠!

291 **세상에서** 가장 큰 꽃은 라플레시아 (시체꽃)예요. 라플레시아는 꽃의 너비가 1.2m가 될 때까지 자라고, 엄청 고약한 냄새를 가지고 있어요.

292 **완두콩** 꼬투리 안에는 평균적으로 여덟 개의 완두콩이 들어 있어요.

293 **칠레의** 아타카마 사막 안에 있는 칼라마 사막에는 한 번도 비가 오지 않았어요.

294 **빗방울은** 사실 빗방울처럼 생기지 않았어요. 빗방울은 실제로 완전히 동그랗게 생겼답니다.

티모시는 빗방울을 잡아서 정말 동그란지 확인해보고 싶었지만 24시간 동안 한 방울도 잡지 못했어요. 대신 감기만 걸렸네요.

295 **레몬에는** 딸기보다 당분이 더 많이 들어있어요.

너 왜 레몬을 먹고 있니?

난 모르겠어! 레몬이 딸기보다 당분이 더 많다고 해서 먹어 보는데…. 전혀 달지 않은걸!

296 **과학자들이** 남극에서 반다 호수의 얼음을 뚫고 호수의 제일 아랫부분의 온도를 재어 보니, 온도가 무려 24도로 어마어마하게 따뜻했어요. 알고 보니 얼음 결정체가 호수 바닥에 빛을 모아 쏘았기 때문에 물이 따뜻해진 거였어요.

297 **아마존** 열대우림은 지구 산소의 1/5을 만들어 내요.

298 **남극** 지역의 얼음층은 전 세계의 담수의 71퍼센트를 가지고 있어요.

아마존 열대우림은 지구 산소의 1/5을 만들어 내요. 하지만 아마존이 만들어 내는 것들은 또 있죠. 아마존에는 사람을 먹는 물고기도 있고, 사람 몸을 으스러트릴 수 있는 큰 뱀도 있고, 당신을 죽일 수 있는 원주민도 살고 있어요!

299 **토마토는** 채소가 아니라 과일이에요.

프레디는 매주 친구들에게 '토마토가 과일'이라는 것을 알려 주고 있어요. 하지만 친구들은 그것에 싫증이 나고 있어요.

300 **양상추는** 해바라기과에 속해요.

301 **물은** 지구상에서 액체일 때보다 고체일 때 더 가벼운 유일한 물질이에요.

302 **상어** 때문에 죽은 사람들보다 코코넛 때문에 죽은 사람들이 더 많아요. 매년 150명이나 되는 사람들이 코코넛 때문에 죽는답니다.

303 **남극** 지역은 지구상에서 유일하게 어느 국가에도 속하지 않는 땅이에요.

304 **어린** 코코넛 안에 들어 있는 액체는 혈장을 대신할 수 있어요.

305 **꿀은** 유일하게 썩지 않는 음식이에요.

306 호주는 지구상에서 유일하게 활화산이 없는 대륙이에요.

307 손톱은 발톱에 비해서 4배 빠르게 자라나요.

발톱 물어뜯으면서 시간 낭비하지 마! 네가 발톱을 물어뜯는 동안에 손톱은 더 빨리 자라나고 있다고! 손톱은 발톱보다 4배나 빠르게 자라거든. 거기에다…, 손톱을 물어뜯을 땐 그렇게 냄새나는 양말도 없고 말이야.

308 사과, 아몬드 그리고 복숭아는 전부 장미과에 속해요.

309 유사(퀵샌드, 사람이 들어가면 늪에 빠진 것처럼 헤어나오지 못하는 모래)에 빠지지 않으려면, 다리를 천천히 들고 등 뒤로 누워야 해요.

주의

유사가 있는 지역입니다

등 뒤로 누웠으면 이제 천천히 다리를 들어 봐. 내가 듣기로는 그렇게 하면 유사에 빠지지 않는다고 하던데…. 아닌가…. 등 뒤가 아니라 엎드려야 하는 건가?

1978년에 유사(퀵샌드)를 탐험하러 갔던 한 팀의 멤버들이 전부 사라졌어요. 저 방법이 실패한 것이 아닐까요?

아니에요. 제가 앞으로 엎드려 봤는데 전혀 효과가 없어요!

310 중국에는 '하얀 차'라는 이름의 음료가 있어요. 사실 하얀 차는 그저 끓인 물인데 그렇게 부른답니다.

311 **절대** 눈을 뜬 채로 재채기를 할 수 없어요.

312 **금성은** 시계 방향으로 자전하는 유일한 행성이에요.

313 **1943년** 2월 20일, 멕시코 파리쿠틴 마을 근처의 옥수수밭에서 땅이
갈라지면서 붉게 달아오른 돌이 뿜어져 나오기 시작했어요. 바로 화산이 탄생한
거예요. 첫날은 10.6m까지 자라났어요. 1952년에는 412m까지 자라나서 두
개의 마을을 다 덮어 버렸답니다.

314 **떡갈나무는** 50살이 넘어야지만 도토리를 맺을 수 있어요.

숫자로 알아보는
새로운 사실들

315 **버킹엄** 궁전에는 방이
600개가 넘게 있어요.

316 **주사위에서** 서로 반대되는
면에 있는 숫자를 더하면
항상 7이 되어요.

죄송해요, 주인님.
방이 너무 많아서
이 방이 욕실이라는
것을 헷갈렸네요!
그나저나 주인님,
장난감 배에 아직
비누 거품이 묻어
있어요.

그거 아세요? 만약
여기가 아프리카였다면
여기 있는 기린 꼬리
3개랑 돌고래 이빨
5개로 막대사탕 2개랑
음료수 하나랑 차
한 대를 살 수 있었어요!
그렇지만 오늘은 제가
막대사탕 한 개만 받는
걸로 할게요.

317 **예전에는** 돈 대신에
딱따구리의 머리와
작은 돌고래의
이빨 그리고
기린의 꼬리를
사용했었어요.

318 **감자칩** 한 봉지는 같은 무게의 감자에 비해 200배나 비싸요.

319 '지피(Jiffy, 당장)'는 실제로 있는 시간 단위예요. 지피는 1/100초이죠.

320 **세계에는** 12억 6700만 개가 넘는 전화선이 있답니다.

321 **사무실에서** 근무하는 한 명의 직원은 평균적으로 1년에 1만 장의 종이를 사용해요.

322 **스웨덴에서** 일어나는 도로 사고의 20퍼센트는 무스(말코손바닥사슴) 때문에 일어나요.

스웨덴에서 일어나는 도로 사고의 20퍼센트는 무스 때문에 일어난다.

323 **사람의** 눈꺼풀에는 200개가 넘는 속눈썹이 있어요. 속눈썹 한 개는 3달에서 5달 사이에 자연스럽게 떨어져요.

324 **아프리카에서는** 2100개가 넘는 언어를 사용해요.

325 **타조알은** 완전히 삶는 데 4시간이 걸려요.

326 **호저**(산미치광이)는 3만
개의 가시를 가지고 있어요.

327 **아스피린은** 매년 800억
개가 넘게 팔리고 있어요.

328 **사람은** 639개의 근육을
가지고 있는데, 애벌레는
무려 4000개가 넘는 근육을
가지고 있어요.

329 **만약** 태양까지 시속 90km의 속도로 운전해서 간다면 도착까지 193년이
걸린답니다.

330 **미국에서는** 7초마다 아기가 태어나고 있어요.

331 **오늘날에는** 전 세계 80퍼센트의 지퍼는 중국에 있는 치아오토우에서
만들어져요.

332 아폴로 11호 착륙선이 달에 착륙했을 때에는 불과 20초만큼의 연료만 남아 있었대요.

333 열대우림에는 하루에 최대 25cm만큼 비가 온대요.

334 수성은 낮의 길이가 여섯 달이라고 해요. 해가 떠서 질 때까지 6개월이 걸리는 거예요.

335 자궁 안에서 아기를 둘러싸고 있는 양수는 3시간마다 완전히 새 양수로 바뀌어요.

336 세상에는 4만 종류가 넘는 쌀이 있어요.

337 고양이는 하루의 16시간을 자면서
지내요.

338 벌은 공중에 떠 있기 위해서
날개를 1초에 250번이나 펄럭여요.

339 미국은 성인의 83퍼센트가
휴대전화를 가지고 있어요.

페르시안 고양이 해리는 낮 대부분을 잠으로 보내고,
밤 대부분도 낮에 자지 못한 잠을 보충하기 위해
잠으로 보냈어요.

340 한 단어를 말하기 위해서는 72개의
근육이 사용되어요.

341 조지 W. 부시는 대통령이 되고 나서, 처음 여덟 달 중 42퍼센트를 휴가로
썼다고 해요.

342 **악어는** 80개의 이빨이 있어요.

알버트는 습지에 내려가면서 문득 악어는 이빨이 80개라는 사실을 기억해 냈어요. 그리고 그 이빨들이 매우 날카롭다는 사실도 기억났죠.

343 **한** 병의 땅콩 잼을 만들기 위해서는 850개의 땅콩이 필요해요.

344 **설탕** 한 봉지에는 약 500만 개의 낟알이 들어 있어요.

345 **중국의** 만리장성은 길이가 3460km에 달해요.

346 **천왕성의** 여름과 겨울은 각각 21년이나 된대요.

347 **성경책은** 1분마다 113권씩 팔리고 있어요.

348 **미국에는** 열심히 우표를 모으는 사람들이 대략 2200만 명이 있어요.

349 **맥도날드에는** 매일 119개의 나라에서 6800만 명의 고객을 맞이해요.

350 **세계의** 모든 박테리아의 무게를 더하면 지구에 있는 모든 식물의 무게와 같다고 해요.

351 **에펠** 타워에는 250만 개의 대갈못이 있대요.

> 203만 5841개, 203만 5842개….

> 마사! 저기 봐! 저 사람이 바로 에펠탑에 있는 대갈못의 개수를 세는 피에르라는 사람이야! 안녕하세요, 피에르 씨. 저흰 시카고에서 놀러 왔어요. 피에르 씨가 대갈못 수백만 개를 세고 있는 모습을 사진으로 찍어도 될까요?

에펠탑의 대갈못 개수를 세는 사람인 피에르는 대갈못이 몇 개인지 세다가 그만 몇 개째인지 까먹어 버렸어요….

352 **지구는** 태양 주위를 시속 10만 7000km의 속도로 돌고 있어요.

> 우리가 태양 주위를 얼마나 빠르게 돌고 있다고? 시속 10만 7000km 우와! 엄청나게 빠르구나! 넘어지지 않게 꽉 잡아!!

353 **땅다람쥐가** 땅을 파는 속도는 사람이 10시간 만에 폭이 45cm인 11km 길이의 터널을 파는 것과 같아요.

354 **매년** 인도에서는 40억 장의 영화표가 팔리고 있어요.

355 **전** 세계 어린이의 다섯 명 중 한 명은 교실을 들어가 본 적이 없다고 해요.

조지는 돼지풀을 발견함과 동시에 자신이 꽃가루 알레르기라는 것을 발견했어요.

356 **돼지풀** 하나는 매년 100만 개의 꽃가루를 날러 보내요.

357 **평균적으로** 미국에서는 하루에 36만 4217m²크기의 피자가 소비되어요.

358 **잠자리는** 하루만 산다고 해요.

359 **시골에** 있는 2.56km² 안의 땅에는 지구상의 사람들보다 더 많은 곤충들이 살고 있어요.

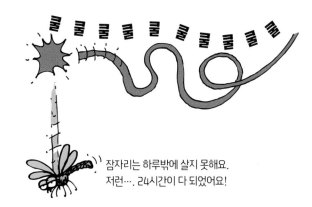

잠자리는 하루밖에 살지 못해요. 저런…. 24시간이 다 되었어요!

셜리야 움직이지 말거라! 지금 네가 한 발짝 움직이면 중국 인구보다 많은 수의 곤충들을 죽일 수도 있어!

360 **지금까지** 미국에서 발행됐던 지폐 중 가장 큰 단위의 지폐는 10만 달러예요.

361 **사람의** 심장은 피가 9m를 날 수 있을 만큼 강한 압력을 준답니다.

네 몸에 무슨 짓을 한 거니 대체? 손을 베다니! 어서 그 조그마한 상처에 밴드를 붙이자꾸나.

73

362 젖소는 평생 동안 우유 20만 잔을 만들어 내요.

363 차모이 티피아소는 사기죄로 유죄판결을 받았고, 태국 감옥에서 14만 1078년을 지내도록 선고 받았어요.

364 인디애나 대학교 도서관은 매년 2.5cm씩 가라앉았어요. 왜냐하면 기술자들이 도서관을 지을 때 책의 무게는 계산하지 않았거든요.

C.J.가 세 권의 책을 반납하고 난 직후에 인디애나 대학교 도서관은 결국 완전히 가라앉고 말았어요.

내가 반납한 책은 진짜 얇은 책 두 권이랑 만화책 한 권이었는데 도서관이 가라앉고 말았지 뭐야!

365 바코드로 스캔했던 첫 제품은 리글리 껌 한 통이었어요.

음….
바코드로 껌을
스캔했는데
9달러짜리
감자로 뜨네요.
손님 눈에도
이게 감자로
보이시나요?

366 미국에는 18명의 의사가 '의사'와 '외과 의사'라는 이름을 가지고 있어요. 의사선생님을 부를 때 이렇게 되는 거죠, '의사' 의사선생님, '외과 의사' 의사선생님.

367 75와트 전구는 세 개의 25와트 전구보다 더 밝아요.

368 타지마할은 22년 동안 2만 명의 사람들이 세웠어요.

369 볼리비아에는 수도가 두 개가 있어요.

370 미국 정부는 정제된 전
세계 금의 3퍼센트를
가지고 있어요. 그 금은
대부분 포트 녹스에 있죠.

371 웨델 바다표범은
물속에서 7시간 동안 숨을
참을 수 있어요.

372 미국 메이저리그
야구팀은 매년 2만 개의
야구공을 사요.

373 에펠탑은 온도에 따라서 높이가 15cm만큼 달라진다고 해요.

374 미키마우스는 1933년에 팬레터를 80만 통이나 받았어요.

375 세계에서 제일 큰 동물인 대왕고래는 길이가 30m예요. 그리고 대왕고래의
몸무게는 공룡 4마리, 코끼리 23마리, 소 230마리, 또는 사람 1800명과
같답니다.

376 2차 세계대전 이전에는 뉴욕 전화번호부에 '히틀러'라는 이름이 22명이나
적혀 있었지만, 전쟁 이후에는 '히틀러'라는 이름의 사람이 한 명도 남아 있지
않았어요.

377 지구상의 모든 포유류 중 약 1/4이 박쥐예요.

지구상의 모든 포유류 중
약 1/4이 박쥐랍니다.
그리고 주안은 그 박쥐들이
모여 사는 볼리비아 동굴을
찾아냈어요.

378 번개는 태양의 표면보다 다섯 배나 더 뜨거워요.

379 평균 50세 이상의 미국인은 줄을 서서 기다리는 데 5년을 소비한다고 해요.

380 지구의 나이는 45억 4000만 살이에요.

381 검색엔진 '구글'이라는 이름은 '구골'이라는 단어에서 유래했어요. '구골'은 1에 0이 100개가 붙은 숫자랍니다.

382 2002년에 세계에서 가장 큰 호텔은 미국 네바다, 라스베이거스에 있는 MGM 그랜드였어요. 이 호텔에는 방이 5034개가 있어요.

383 이어폰을 끼면 귀에 박테리아가 700배 더 많아질 수 있어요.

384 **수련의** 잎은 2.4m너비까지 자랄 수 있어요.

385 **〈뉴욕 타임스〉의** 일요일 신문을 만드는 데는 약 6만 3000그루의 나무가

필요해요.

386 **미국** 풋볼 리그에서 1년 동안 사용할 축구공을 만들기 위해서는 약 3000마리

소의 가죽이 필요해요.

387 **아이티에서는** 1000명 중 12명만이 차를 가지고 있어요.

388 **사람의** 몸 안에서 고통이 전해지는 속도는 초속 106m래요.

389 태양은 우리 태양계 안에 있는 물질의 99퍼센트를 차지해요.

390 지구에 있는 모든 개미의 몸무게를 합하면 지구에 있는 모든 사람의 몸무게와 같아요.

391 평균적으로 사람은 평생 동안 3년을 화장실에서 보낸다고 해요.

392 미국에는 약 3500명의 천문학자가 있어요. 그런데 미국의 점성술사는 3500명보다 훨씬 많은 1만 5000명이나 된답니다.

393 지금 비행기를 타고 미국 하늘 위를 날고 있는 사람들이 몇 명인지 세어 보면 평균적으로 10만 명이랍니다.

394 **한** 사람은 평생동안 7만 5000L의 물을 마셔요.

395 **사람** 머리에는 22개의 뼈가 있어요.

396 **번개는** 지구에 1초마다 100번씩, 1분마다 6000번씩 쳐요.

397 **당신은** 지구에 있는 900만 명이 넘는 사람들과 생일이 같아요.

아놀드는 사람이 평생 동안 7만 5000L의 물을 마신다는 이야기를 듣자, 그 물을 한 번에 다 마시기로 결심했어요.

398 **한** 마리의 박쥐는 1시간에 1000마리의 모기를 잡아먹을 수 있어요.

399 **사무실** 책상에는 화장실보다 400배 더 많은 박테리아가 있어요.

400 **한** 개의 연필로는 평균적으로 56km 길이의 선을 그리거나, 약 5만 개의 영어 단어를 쓸 수 있어요.

56km의 선을 그리고 있던 알의 연필이 56km쯤에서 거의 다 닳았어요.
하지만 다행히 알에게는 연필이 한 자루 더 있었어요. 알이 왜 56km의 선을 그리고
있었냐고요? 음…. 5만 개의 영단어를 쓰는 것보다 선을 그리는 게 더 쉬우니까요….

401 **보잉747의** 날개 길이는 라이트 형제의 첫 비행 길이보다 길어요.

윌버 형! 비행기 머리 부분을 더 올려!
그래야 더 앞으로 나가지! 응? 저게
뭐야? 저거 대형
비행기야?

기다려 봐, 오빌. 엔진 좀 꺼봐. 지금 이 비행이
무슨 의미가 있어? 누군가 이미 저렇게 큰
비행기를 발명해 놨는데!

402 **무게로** 따져서 비교해보았을 때, 햄버거는 새 차보다 더 비싸요.

403 **마른** 정사각형의 종이는 일곱 번 이상 접히지 않아요.

404 **매년** 전 세계에서 140억 자루가 넘는 연필이 만들어지고 있어요. 이 연필들을 줄줄이 이어서 늘어놓으면 지구를 62바퀴 돌 수 있답니다.

405 **한** 개의 유리병을 재활용하면 TV를 3시간 동안 켤 수 있는 에너지를 만들 수 있어요.

406 **만약** 사람의 몸에 있는 혈관을 길게 늘어놓는다면 9만 6000km만큼 길다는 것을 알 수 있어요.

방금 TV에서 한 개의 유리병을 재활용하면 TV를 3시간 동안 켤 수 있는 에너지를 만들 수 있다는 것을 배운 데비는 세 개의 통에 담긴 절인 양파, 멸치 그리고 오이 피클을 먹어 치웠어요. 세 개의 통을 재활용해서 하루 종일 TV를 보고 싶었기 때문이죠.

407 **사람의** 심장은 하루에 10만 번 뛰어요.

408 **만약** 지구 적도의 원주를 따라 1시간에 10km의 속도로 계속해서 뛴다면, 173일 만에 한 바퀴를 다 돌 수 있어요. 제일 큰 행성인 목성 적도의 원주를 같은 속도로 한 바퀴를 돌면 5년이 걸려요.

허브는 아픈 발톱 때문에 뛰기 시작한 지 불과 10분 만에 173일간의 세계 일주 훈련을 포기해야 했어요. 달리기 코치와 매니저는 허브가 목성에서 5년을 달려야 하는데, 그때 발가락이 다시 아프게 될까 봐 걱정했어요.

409 **엠파이어** 스테이트
빌딩은 1000만 개가 넘는
벽돌로 지어졌어요.

410 **사람들이** 길게 줄을 서서
앞사람을 잡고 빙글빙글
돌아가며 추는 춤인
콩가에서 가장 길었던
줄은 11만 9986명의
사람들이 춤에 함께
참가했을 때였어요.

흠…. 난 그냥 빌딩 위에서 비행기 잡으면서 놀려고 했던 것뿐인데, 빌딩이 이렇게 부서질 줄 알았겠어?

킹콩은 엠파이어 스테이트 빌딩이 무너진 후,
벽돌이 정말 1000만 개인지 세어 보았어요.

411 **바퀴벌레** 종류는 4000가지가 넘어요.

412 **은행** 창구 직원들은 평균적으로 매년 약 250달러를 잃어버려요.

413 **한** 사람의 소장은 대략 6m예요.

414 **과학자들은** 우주에는 적어도 지구에 있는 사람 한 사람당 1500만 개씩 나눌 수
있는 별들이 있다고 해요.

너 모든 사람마다 1500만 개의 별이 있다는 사실 알아? 내 1500만 개의 별들의 이름 한 번 들어볼래?

415 **차를** 시속 160km로 운전해서 달리면, 태양 너머에 있는 가장 가까운 별까지 2900만 년이 걸려요.

저 별까지는 훨씬 더 멀어요? 애들이 점점 가만히 있지를 못하네요. 저 별까지 가는 데 2900만 년이 걸린다는 건 알지만 과속하지 말아요! 우리 이미 시속 160km로 달리고 있어요!

416 **미국에는** '할리우드'라는 이름을 가진 동네가 10개가 있어요.

417 **어떤** 종류의 대나무는 하루에 89cm가 자라요.

그 오래된 깔개 좀 잘 털어 줘. 오래된 카펫도 청소기로 청소해 주고, 저 먼지 덮인 가구들이랑 TV도 잊지 말고! 이 마스크 썼다고 해서 먼지 많은 곳에 부르지 말아 줘.

418 **오늘날** 지구상에서는 6500개의 언어가 존재한다고 알려져 있어요.

419 **평균적으로** 사람은 평생 동안 20kg만큼의 먼지를 들이마셔요.

420 **당신은** 1년에 눈을 1000만 번 이상 깜빡여요.

421 **가장** 가뭄에 강한 나무는 보브나무예요. 이 나무는 몸통에 16만 3000L의 물을 저장해서 나중에 사용할 수 있어요.

제이크는 장작을 패기 위해 나무를 베던 중, 유칼립투스 나무와 보브나무의 차이를 깨달았어요. 보브나무에는 16만 3000L의 물이 들어있었어요.

422 **1996년** 웹스터 사전에는 315개의 오타가 있어요.

423 **쥐는** 엄청나게 빨리 번식하기 때문에 두 마리의 쥐가 18개월 안에 100만 마리가 넘는 자손들을 만들 수 있어요.

여보, 미안하지만 우리한테 문제가 생긴 것 같아요! 우리 가족이…, 너무 쥐처럼 새끼를 많이 낳고 있어요!

그러게 말이에요! 우리 새끼가 지금 100만 마리 정도 되는 것 같은데, 10만 번째부터는 이름을 기억하지도 못하겠어요.

424 **나비는** 각 눈에 1만 2000개의 수정체를 가지고 있어요.

425 **미국에는** 사람 수보다 휴대폰 수가 더 많아요.

426 **세계** TOP 250명의 부자들의 재산을 합친 것이 가장 가난한 15억 인구의 재산을 합친 것보다 더 많아요.

427 **자동차** 번호판은 1893년에 처음으로 도입되었어요.

저기 저 사람 과속하네! 자동차 번호판 번호 적어 놓아?

스미스 씨는 1893년에 처음으로 자동차 번호판을 달고 나서 속도위반 딱지를 받아서 큰 벌금을 내야만 했어요.

428 **우주** 공간은 지구의 80km 위에서부터 시작되어요.

429 **고양이는** 자지 않는 시간의 30퍼센트를 그루밍하는 데 보내요.

자기 몸을 심하게 그루밍하는 고양이 렉스는 결국 온몸의 털이 벗겨졌어요.

430 **딱따구리는** 겨울잠을 자는 동안 한 시간에 10번만 숨을 쉬어요. 딱따구리가 자지 않고 활동할 때는 한 시간에 2100번씩 숨을 쉬어요.

431 코끼리는 5km
밖에서도 물의 냄새를
맡을 수 있어요.

432 리넨은 축축하게
되기까지 자기 무게의
20배만큼 되는 물을
흡수할 수 있어요.

433 사람은 살아있는 동안,
심장이 약 25억 번
뛰어요.

434 1956년, 영국에는 전체 가정의 8퍼센트에만 냉장고가 있었지만, 미국 가정은
전체의 80퍼센트가 냉장고를 가지고 있었어요.

435 하마는 입을 1.2m만큼 벌릴 수 있어요.

436 향유고래 창자의 길이는 137m가 넘는대요.

437 **1839년에서** 1855년 사이에 니카라과에는 396명의 통치자들이 있었어요. 그 통치자들이 실제로 국가를 통치한 기간은 15일도 되지 않았다고 해요.

438 **미국에서는** 매년 번개 때문에 발생하는 불이 대략 1만 건이라 해요.

439 **미국에서는** 매년 닭이 790억 개의 달걀을 낳아요.

안녕하세요, 거기 소방서죠? 올해 번개 때문에 일어날 1만 번의 화재 중 하나를 신고하려 해요.

미국에서 매년 790억 개의 달걀이 만들어진다면, 한두 개 정도 낳지 않아도 되겠지! 오늘 난 달걀을 낳지 않고 쉴 거야! 아가들아, 엄마랑 쇼핑 가자! 차 조심하고 잘 따라와!

440 **사람이** 재채기를 할 때, 재채기는 시속 480km로 입에서 나간다고 해요. 이 속도는 세상에서 가장 강한 토네이도인 F5 토네이도와 맞먹는 속도예요.

441 **눈이** 25cm 왔을 때의 물의 양은 비가 2.5cm 왔을 때의 물의 양과 같아요.

442 **태양계에서** 가장 빠른 달은 목성의 달이에요. 이 달은 7시간마다 목성을 한 바퀴 돈답니다. 이것은 시속 11만 2000km 이상의 속도예요.

443 지금까지 발견된 해파리 중 가장 큰 해파리의 크기는 2.3m예요.

444 보잉747 비행기에는 26만L의 연료가 들어가요.

445 알렉산더 그레이엄 벨은 전화를 발명한 것뿐만 아니라, 수중익선을 시간당 113km로 운전하는 세계 기록을 세웠어요.

446 미국에서 M&M 초콜릿은 매일 약 2억 개가 팔린다고 해요.

447 **1년은** 약 3150만 초로 이루어져 있어요.

448 **롤스로이스를** 만드는 데는 6달이 걸리고, 토요타를 만드는 데는 13시간이 걸린다고 해요.

449 **달에는** 공기가 없기 때문에, 우주비행사가 남겼던 발자국은 앞으로 1000만 년 동안 남아 있을 거예요.

450 **어항** 안에서 가장 오래 살았던 물고기는 88년을 살았대요.

451 **보통** 흔히 사용하는 기타 줄을 길게 풀어놓으면 26.5m만큼 길어요.

452 **지금까지** 지구에 살았던 사람들의 10퍼센트는 지금 살아있어요.

453 **평균적으로** 매년 100명의 사람이 볼펜 때문에 질식해서 죽어요.

454 **52장의** 카드로 만들 수 있는 5장으로 구성된 패는 259만 8960가지가 있어요.

455 **QE2라는** 크루즈 배는 15cm를 움직일 때마다 1갤런(4.5리터)의 연료를 태워요.

방송과 예술의
소름 끼치는 사실들

456 영화 〈대부〉에서 오렌지가 나오면, 등장인물이 죽거나 등장인물에게 위기가 생긴다는 뜻이에요.

457 〈반짝반짝 작은 별〉은 모차르트가 작곡했어요.

이건 내가 작곡한 곡 중 가장 훌륭한 곡이야! 오스트리아 하늘에 밝게 빛나는 수많은 별들을 그대로 옮긴 곡이지! 아이들도 쉽게 따라 부를 수 있는 명곡이야. 반짝반짝 작은 별

모차르트는 하늘을 10분 동안 지켜보더니 〈반짝반짝 작은 별〉이라는 노래를 만들었어요.

458 파블로 피카소는 젊었을 때 너무 가난해서 자기가 그린 그림들을 태워서 몸을 따뜻하게 만들었어요.

459 〈비버는 해결사〉라는 드라마를 통해 처음으로 TV에 화장실이 나왔어요.

460 찰리 채플린은 3일 동안 7만 3000통의 팬레터를 받았어요.

461 감독 조지 루카스는 영화 〈스타워즈〉를 제작하기 위해 투자를 받는 것이 너무 어려웠어요. 왜냐하면 사람들이 스타워즈를 많이 보러 가지 않을 것이라고 생각했거든요.

462 모차르트가 죽고 어디에 묻혔는지는 아무도 몰라요.

463 벅스 버니의 성우였던 멜 블랑크는 당근 알레르기가 있었어요. 그래서 당근을 씹는 씬을 녹음할 때마다 당근을 씹고 뱉어 내어야 했어요.

464 레오나르도 다빈치는 모나리자의 입술을 색칠하는 데만 12년이 걸렸어요.

93

465 **월트** 디즈니는 실제로 쥐를 무서워했어요.

466 **바비의** 전체 이름은 바비 밀리센트 로버츠예요.

깜짝이야! 저게 뭐야?
눈이 달린 감자 아니야?
으…. 나 이제 감자 못
먹을 것 같아!

467 **제일** 처음 TV 광고에 나온
장난감은 미스터 포테이토
헤드예요.

468 **제2차** 세계대전 중에는
금속이 부족했기 때문에
오스카상을 나무로 만들어서
주었어요.

469 **《셜록 홈스》에서는** '아주 간단하네, 친애하는 왓슨'이라는 문구가 매우
유명해요. 하지만 실제로 셜록 홈스가 이렇게 말한 적은 없다고 해요.

470 **1925년에** 가장 유명했던 영화배우는 바로 강아지인 린틴틴이었어요.

린틴틴 씨, 여기 좀 보고 '멍멍!'이라고
한 번만 해주세요!

린틴틴 씨, 혹시 몸에 벼룩을
키우고 계신가요? 벼룩이 다른
배우들의 몸에 옮겨갔다는데
사실인가요?

1925년의 대표
영화배우가
된 느낌이
어떠세요?

사인 하나만 해주세요!
이 종이에 발바닥 한 번만 찍어주세요!

강아지 스폿은 길거리에서 유명한
영화배우인 린틴틴으로 오해받았어요.

471 **원숭이** 마르셀은 TV쇼 〈프렌즈〉에서 해고되었어요. 왜냐하면 살아있는 벌레를 토해내는 나쁜 버릇이 있었거든요.

472 **축구는** 세계에서 가장 인기 있는 스포츠예요.

473 **피노키오는** '소나무 눈알'의 이탈리아어예요.

474 **가장** 짧은 텔레비전 광고의 길이는 1/4초였어요.

475 **빙** 코스비가 부른 〈화이트 크리스마스〉 레코드는 1억 개 이상 팔렸어요. 이 노래는 지금까지 모든 음반 중에 가장 인기 있는 음반이에요.

476 **1935년에는** 작가 협회가 파업 중이었기 때문에, 작가 더들리 니콜스는 그의 영화 〈디 인포머〉에 대한 오스카상을 받지 않았어요.

477 **1970년,** 조지 C.스콧은 〈패튼 대전차군단〉에 대한 오스카상인 남우주연상을 받지 않았어요.

478 **1972년** 말론 브란도는 대부에서 연기한 자신의 역할로 오스카상을 받는 것을 거절했어요.

479 **험프리** 보가트는 영화 〈카사블랑카〉에서 '카사블랑카여, 다시 한번'이라고 말한 적이 없어요.

480 **도날드** 덕 만화는 핀란드에서 금지된 적 있어요. 그 이유는 도날드 덕이 바지를 입지 않았기 때문이에요.

도널드 덕은 핀란드에 있는 팬이 보내준 바지를 받았어요.

481 **톰** 소여는 타자기로 처음 쓰여진 소설이에요.

흠…. 모트 웨셔… 톰 소여라고 적는 게 왜 이렇게 어렵지? 저녁에 글 쓰는 수업이 아니라 새타자기를 사용하는 수업을 들어야겠어!

작가 마크 트웨인은 만년필을 포기하고 신기술을 사용해 보려고 애를 쓰고 있어요.

482 **세계에서** 가장 큰 책은 부탄에서 출판된 《부탄: 히말라야 마지막 왕국의 사진 오디세이》예요. 그 책은 1.5×2.1m크기에 112페이지이고, 무게가 무려 60kg이나 나가요.

483 **멜** 브룩의 〈무성영화〉에는 마르셀 마르소가 유일하게 말을 하는 역할이에요.

484 **성경은** 영화 〈스타트렉〉에 나오는 클링온 언어로 번역되었어요.

오른쪽 어퍼컷을 날려!

힘내라! 때려눕혀버려!

오른쪽 훅을 날려버려! 오른쪽 훅!

맥스는 영화 〈더 링〉이 판타지 영화라고 착각했어요.

485 **스포츠** 영화 중 가장 인기 있는 스포츠는 복싱이에요.

486 세계에서 가장 오랫동안 공연한
연극은 〈쥐덫〉이에요. 이 연극은
1947년에 아가사 크리스티가 쓴
글이에요. 이 연극은 2만 번이 넘게
공연되었어요

487 1991년 디즈니 영화 '미녀와
야수'에서 숲속의 한 표지판에
애너하임으로 가는 길이라고
적혀 있었어요. 또 다른 표지판은
어둡고 불길해 보이는 길을 가리키고 있었고, 발렌시아로 가는 길이라고 적혀
있었어요. 애너하임은 사실 디즈니랜드가 있는 곳이고, 발렌시아는 디즈니의
라이벌인 식스 플래그 매직 마운틴의 놀이공원이 있는 도시 이름이에요.

488 영국, 미국, 소련 그리고 브라질은 TV를 처음 도입한 나라들이에요.

영국에서 TV가 연결되기 하루 전.

489 **도날드** 덕의 가운데 이름은 펀틀로이예요.

490 〈루돌프 사슴코〉 노래는 1939년 백화점 이벤트 때 지어진 노래예요.

491 〈머펫 대소동〉은 사우디아라비아에서 금지당했어요. 출연하는 인형 중 하나가 돼지였거든요.

492 **알프레드** 히치콕은 배꼽이 없었어요. 수술 후에 배꼽을 꿰매서 배꼽이 없어졌거든요.

493 **버지니아** 울프는 책을 쓸 때 서서 썼어요.

494 〈세서미 스트리트〉에 등장하는 버트와 어니라는 이름은 프랭크 카프라의 영화 〈인생은 아름다워〉에 나오는 택시 운전사 어니와 경찰관 버트의 이름을 따서 지어졌어요.

495 **1960년대에는** 머리가 긴 남자는 디즈니랜드에 입장할 수 없었어요.

496 **박스** 오피스 가장 큰 흥행작 중 하나는 케빈 코스트너의 〈워터월드〉였는데, 이 영화를 만드는 데 무려 2억 달러 이상이 들었어요.

497 **우피** 골드버그의 진짜 이름은 카린 일레인 존슨이에요.

498 **드류** 캐리는 데니스 식당에서 일한 적이 있어요.

499 하트 카드에 있는 왕은 카드에 그려진 사람 중에서 콧수염을 기른 유일한 왕이에요.

아빠가 내가 직접 그린 카드를 좋아하시겠지?

나이젤은 하트 카드의 왕만이 수염을 가지고 있다는 사실에 놀랐어요. 그래서 그는 펜으로 모든 카드에 눈과 많은 수염을 그리기 시작했어요.

500 미국에서 가장 사랑받는 작가 중 한 명인 마크 트웨인은 그의 아버지가 돌아가시고 나서 12살에 학교를 그만두었어요.

501 돌리 파튼은 '돌리 파튼 닮은꼴 찾기' 대회에서 탈락했어요.

502 1938년, 슈퍼맨을 만든 사람들은 '슈퍼맨'이라는 캐릭터에 대한 권리를 각자 65달러씩 받고 팔았어요.

503 영화 〈벤허〉에 나오는 고대 마차 장면에는 배경에 작은 빨간 승용차가 등장해요.

이 주차장은 왜 이렇게 텅텅 비었지? 저 로마 기둥이랑 마차 사이에 이렇게 자리가 많은데 말이야!

마리오는 슈퍼마켓의 주차장으로 가는 길에 실수로 영화 〈벤허〉 세트장으로 들어가고 말았어요.

504 캐릭터 '찰리 챈'이 등장한 영화는 총 47개예요. 이 캐릭터는 여섯 명의 다른 배우들이 연기했지만, 그중 실제로 중국인인 사람은 없었답니다.

505 빈센트 반 고흐의 그림은 그가 살아있는 동안 딱 한 점만 팔렸다고 해요. 그 그림 한 점은 형이 사 간 것이에요.

506 영화 〈E.T.〉 속 외계인 ET 목소리의 주인공은 데브라 윙거예요.

507 매년 돈보다 모노폴리 장난감 돈이 더 많이 만들어져요.

508 변기 물을 내리는 장면이 처음으로 등장한 영화는 〈사이코〉예요.

509 **미국** 팝 듀오 '소니 앤 셰어'는 원래 이름을 '시저 앤 클레오'라고 지으려 했대요.

510 **핀란드에서** 신데렐라를 튜나(참치)라고 부른대요.

511 **〈모나리자〉를** 엑스레이를
찍어 관찰해 보면 전혀 다른
모양의 그림 세 장이 나와요.
세 장의 그림은 마지막
모나리자가 완성되기 전 모두
레오나르도 다빈치가 그렸던
그림이에요.

세상에! 다빈치가 무슨 생각으로 이런 그림을 그렸던 거야?

〈모나리자〉를 엑스레이로 찍어보니 그 안에 숨겨진
그림들이 발견됐어요!

512 **워렌** 비티와 셜리 맥클레인은
남매예요.

513 **영화** 〈E.T〉에서 ET가 걷는
소리는 손바닥으로 젤리를
으깬 소리로 만들었어요.

젤리 으깨는 소리를 들어보면 꼭 외계인이 걸어가는 소리처럼
들리지 않아?

냠냠
그런 거 같기도 하고.
이거 진짜 맛있다!
아이스크림이랑 같이
먹으니까 너무 맛있어!
혹시 아이스크림
더 있어?

질척
질척

효과음
아티스트

효과음
아티스트

514 **베토벤은** 작곡하려고 자리에 앉을 때마다 자신의 머리에 차가운 물을
들이부었어요.

515 **말을** 하지 않는 가장 긴 영화는 앤디 워홀의 〈잠〉이라는 영화예요. 이 영화는 한
남자가 자는 모습을 8시간 동안 찍은 영화랍니다.

516 **세상에서** 가장 조용한 음악은 존 케이지의 〈3분 27초〉예요. 이 음악은 3분
27초 동안 한 사람이 피아노
앞에 가만히 앉아 있다가 떠나는
것으로 구성되어 있어요.

517 **레오나르도** 다빈치는 한 손으로
그림을 그리고 동시에 다른
손으로 글씨를 쓸 수 있었어요.

레오나르도 다빈치는 한 손으로 그림을 그리고 동시에
다른 손으로 글씨를 쓸 수 있다는 사실로 유명했어요.
그런데 또 모르죠? 글씨를 쓰고 그림을 그리면서, 코에는
공을 올리고, 발은 노래 박자에 맞춰서 리듬을 타고
있었을지도 몰라요!

518 **미국에서** 가장 처음 발매된 CD는 브루스 스프링스틴의 〈미국에서 태어난(Born in the USA)〉이였어요.

519 **18세기에는** 공격적이라고 판단한 책들을 채찍질해서 벌을 주기도 했어요.

520 **로켓을** 발사하기 전에 카운트다운을 하는 아이디어는 1929년 영화 〈달의 여인〉에서 긴장감을 만들어 주던 카운트다운 방법에서 따왔어요.

521 **아이슬란드** 사람들은 전 세계에서 1등으로 책을 많이 읽어요.

522 〈사인필드〉라는 미국 시트콤에는 매 에피소드마다 슈퍼맨 얘기가 나와요.

523 《오즈의 마법사》에서 '오즈(Oz)'라는 이름은 작가인 프랭크 바움이 서랍에 적힌 O-Z라는 알파벳 분류표를 보고 생각해 낸 이름이에요.

만약 프랭크가 시간을 들여 더 생각하지 않았다면
《오즈의 마법사》는 뭐라고 제목이 지어졌을까요?

524 1927년 10월 6일 뉴욕에서 최초의 유성영화가 개봉했어요. 그 영화는 바로 알 존슨이 주연을 맡은 〈재즈싱어〉예요.

525 존 트라볼타는 영화 〈사관과 신사〉 그리고 〈투씨〉에 출연하는 것을 거절했어요.

526 우피 골드버그는 배우가 되기 전에 장례식 미용사이자 벽돌공이었어요.

527 **우리가** 아는 대부분의 산타클로스 모습은 1980년쯤 만들어진 코카콜라 광고 때 만들어졌어요.

528 **대부분의** TV광고에 나오는 우유는 실제 우유 대신 하얀 페인트에 희석제를 섞은 것을 사용해요.

529 **험프리** 보가트는 다이애나 왕세자빈과 친척 관계예요. 그 둘은 7촌이었답니다.

530 **세상에서** 가장 긴 영화의 상영시간은 무려 85시간이었어요. 이 영화의 제목은 〈불면증 치료법〉이에요. 영화 제목이 영화와 아주 딱 맞죠?

69가지
어이없는 법들

지금부터 나오는 대부분의 법들은 옛날 시대에 있었던 법들이에요. 그 시대에는 이런 어이없는 법들이 옳다고 받아들여졌었거든요. 이런 법들 중에서 일부는 지방 당국이 법안을 바꾸기 귀찮다는 이유로 아직까지도 존재하고 있어요.

531 캘리포니아주 퍼시픽 그로브: 나비를 죽이거나 위협하는 것은 경범죄에 해당해요.

아가야 나비 만지면 안 돼! 당연히 무서운 죄수들이 있는 교도소에 가고 싶진 않겠지? 우리 동네에는 나비를 건드리면 안 되는 엄청난 법이 있다는 사실을 꼭 기억해야 한단다.

532 캘리포니아주 벤투라 카운티: 고양이나 개는 허가 없이 짝짓기를 할 수 없어요.

533 플로리다주 새러소타: 공공장소에서 수영복을 입고 노래를 부르는 것은 불법이에요.

534 일리노이주: 개나 고양이 혹은 다른 애완 동물에게 불이 붙은 시가를 주는 것은 불법이에요.

535 일리노이주: 시카고: 모자 고정용 핀은 무기 은닉으로 간주되어요.

536 플로리다주: 성인 남자는 공개적으로 끈이 없는 가운을 입어서는 안 돼요.

537 벨기에: 모든 아이들은 초등학교에서 하모니카를 배워야 해요.

538 플로리다주: 코끼리를 주차장에 세워 놓으려면 주차비를 내야 해요.

539 미네소타주: 스컹크를 놀리는 것은 불법이에요.

540 미시간주: 여성이 남편의 허락 없이 머리를 자르는 것은 불법이에요.

541 플로리다주: 결혼하지 않은 여성은 일요일에 낙하산을 탈 수 없어요.

542 앨라바마주: 교회에서 우스꽝스럽게 생긴 가짜 수염을 다는 것은 불법이에요.

543 워싱턴주 벨링햄: 옛날에는 여성이 춤을 출 때 세 걸음 이상 뒤로 가는 것이 불법이었어요.

544 미네소타주 브레이너드: 모든 남자는 턱수염을 길러야 해요.

545 오하이오주: 산타 옷을 입고 맥주를 파는 것은 불법이에요. 만약 당신이
취했다고 해도 여전히 불법이에요.

546 워싱턴주 시애틀:
막대사탕을 판매하는
것은 안 되지만 먹는
것은 괜찮아요.

버지니아에서는 욕조를 집 밖에 두어야 해요. 그런데 수건을 집 안에 두고 왔네요. 여기엔 내가 필요한 것이 하나도 없어! 지금 당장 수건이 필요한데!

547 버지니아주: 모든
욕조는 집 밖에 있어야
해요.

548 캐나다 토론토:
일요일에 마늘을 먹고
시내 전차를 타는 것은 불법이에요.

안녕하세요. 여러분, 저는 보티첼리 경감입니다. 오늘 스파게티와 함께 마늘빵을 먹고 전차를 타신 분은 전차 밖으로 나와 주시기 바랍니다. 마늘을 드신 분은 숨을 참고 밖으로 나와 주세요.

549 인디애나주: 마늘을 먹은 지 4시간 이내에 영화관 혹은 극장에 가거나, 대중
교통을 타면 안 돼요.

550 캘리포니아주 로스앤젤레스: 1838년에는 남자가 여자에게 세레나데를 불러
주기 위해서는 자격증이 있어야 했어요.

551 오하이오주 클리블랜드: 사냥 허가증 없이 쥐를 잡는 것은 불법이에요.

552 애리조나주: 낙타를 사냥하는 것은 불법이에요.

553 켄터키주: 주머니에 아이스크림콘을 넣어 다니는 것은 불법이에요.

554 루이지애나주: 은행 강도 짓을 하거나, 은행 창구 직원에게 물총을 쏘는
행동은 불법이에요.

555 인디애나주: 겨울에 목욕하는 것은 불법이에요.

556 켄터키주: 적어도 1년에 한 번은 목욕을 해야 해요.

557 알래스카주: 나는 물체 안에서 무스를 관찰하거나 찾는 행동은 불법이에요.

558 조지아주 애틀랜타: 기린을 전신주나 가로등에 묶어 두는 것은 불법이에요.

559 아이다호주: 다른 사람에게 23kg이 넘는 사탕을 주는 것은 불법이에요.

560 뉴욕주: 시내 전차에서 토끼를 향해 사격하는 것은 금지예요.

561 아프리카 소말리아: 코끝에 오래된 껌을 붙이고 돌아다니는 것은 불법이에요.

562 뉴저지주: 후루룩 소리를 내며 국물을 마시는 것은 불법이에요.

563 이탈리아 밀라노: 공공장소에서 얼굴에 미소를 띠고 있지 않으면 벌금 100달러를 내야 해요. 단, 병원에 환자를 병문안 갈 때나 장례식에 참여할 때는 제외예요.

564 버몬트주: 여성이 틀니를 착용하기 위해서는 먼저 남편에게 허가를 받아야 했어요.

565 노스캐롤라이나주 애시빌: 일반 도로에서 재채기를 하면 안 돼요.

566 오클라호마주: 강아지를 향해 못생긴 표정을 지으면 벌금을 물거나 감옥에 가야 해요.

567 아칸소주: 남편은 한 달에 딱 한 번만 자신의 아내를 때릴 수 있어요.

568 일리노이주 시카고: 91kg이 넘는 여자는 반바지를 입고 말을 타면 안 돼요.

569 캘리포니아주 샌프란시스코: 세차장에서 차를 닦을 때 낡은 속옷으로 차를 닦으면 안 돼요.

570 몇 년 전 앨버커키시 의회 의원은 산타클로스 자체를 앨버커키에서 금지하려고 시도했지만, 결국 실패했어요.

571 캘리포니아주 샌프란시스코: 외설스러운 언어를 복사해내는 기계 장치는 전부 금지예요.

572　고대 이집트: 실수로라도 고양이를 죽이면 죽임을 당했어요.

573　뉴욕주: 개인 집 창문에서 인형극을 하면 안 돼요.

574　캘리포니아주 샌프란시스코: 재채기 나는 가루와 냄새나는 공은 금지예요.

뉴욕 법에 따르면 강아지는 욕조에서 자면 안 되지. 그렇지만 목욕하지 말라는 법은 없었잖아?

누가 나한테 욕조에서 놀 수 있게 보트랑 오리 인형 좀 줄래?

575　뉴욕주: 욕조에서 강아지를 재우면 안 돼요.

576　텍사스주 메스키트: 젊은이들은 너무 눈에 튀거나 특이하게 머리를 자르면 안 돼요.

와 레이몬드 아저씨! 그 머리 멋있네요? 어디서 배운 솜씨예요?

양털 깎는 일을 할 때 배운 거란다. 불과 몇 주 전에 배워 온 거야.

데니스는 법 때문에 텍사스에서 머리를 멋있게 잘라줄 사람을 찾을 수 없어 오클라호마까지 찾아갔어요.

577　알래스카주 페어뱅크스: 무스에게 맥주를 주면 안 돼요.

578 워싱턴주: 가짜 레슬링은 금지예요.

가족 레슬링 팀인 킬러와 칼라 콕스는 시애틀에서 진짜
레슬링을 한 뒤 응급실에서 나오고 있었어요.

579 터키: 16, 17세기에는 커피를 마시는 사람은 사형에 처했어요.

580 러시아: 표트르 1세 시대에는 수염을 기르는 사람은 세금을 따로 내야 했어요.

581 플로리다주: 헤어드라이어 아래에서 잠이 드는 것은 불법이에요.

582 조지아: 오래된 친구의 등을 찰싹 때리는 것은 금지되어 있어요.

스미스 경감은
헤어드라이어 아래에서
잠이 드는 것은 불법이라는
사실을 계속해서 이야기했어요.

583 **미주리주:** 일요일에 돌 차기 놀이를 하면 안 돼요.

584 **메사추세츠주** 보스턴: 19세기에는 의사의 진단서 없이 목욕을 하는 것은 불법이었어요.

585 **코네티컷주:** 발이 아닌 손으로 횡단보도를 건너는 것은 불법이에요.

586 **프랑스** 아비뇽: 도시 안에 접시 모양의 날아다니는 것은 착륙할 수 없어요.

접시 모양의 날아다니는 것은 착륙할 수 없는 땅인 프랑스 아비뇽의 어느 밤

여긴 아비뇽 땅이라고! 여기에 너같이 더러운 우주선은 착륙할 수 없어!

썩 파리로 꺼져버려!

587 **노스캐롤라이나주:** 목화씨나 면화를 밤에 판매하는 것은 불법이에요.

588 **스위스:** 차 문을 쾅 닫는 것은 불법이에요.

건터는 불과 10분 전 시속 100km의 고속 차선에서 그의 아내와 말다툼을 했어요. 그리고 말다툼을 할 때 아내가 쾅! 닫았던 차 문이 부서져 버렸어요.

589 그리스 아테네: 목욕을 하지 않았거나 옷을 제대로 입지 않은 것으로 판단되는 경우 운전 면허증을 뺏을 수 있어요.

590 코네티컷주 하트포드: 길에 나무를 심는 것은 불법이에요.

안녕하세요, 단속반이죠? 51번가로 벌목군들 좀 불러주세요.

베로니카는 길 위에 불법으로 나무 두 그루를 심은 '나무의 자유를 찾아서' 단체를 찾기 위해 일찍 퇴근했어요.

591 매사추세츠주: 아주 오래된 법령 중에는 염소수염을 기르기 위해서는 허가증을 받아야 한다는 내용도 있었어요.

592 플로리다주: 주부는 하루에 접시 세 장 이상을 깨트리면 안 돼요.

593 파라과이: 결투에 참가하는 사람이 모두 헌혈자라면 합법적으로 결투를 할 수 있어요.

플로리다에 사는 주부 앰버는 일주일치 접시를 깨뜨려 버렸어요.

됐어! 이제 모든 접시를 플라스틱으로 살 거야!

594 버지니아주 크리스찬스버그: 침을 뱉는 것은 불법이에요.

버논은 버지니아주 안에서는 침을 뱉지 않고 참고 있다가 노스캐롤라이나를 나가는 경계에서 침을 퉤 하고 뱉었어요.

595 매사추세츠주 프로빈스타운: 일요일 정오 전에 선탠오일을 판매하는 것은 불법이에요.

596 루이지애나주: 다른 사람을 진짜 이빨로 무는 경우는 폭행에 해당하고, 가짜 이빨로 무는 경우는 처벌이 가중되어요.

597 캘리포니아주 샌프란시스코: 집 앞에 있는 깔개를 입으로 무는 것은 불법이에요.

598 코네티컷주 우드빌: 정치인이 앞에서 발언할 때 스크래블을 가지고 노는 것은 불법이에요.

599 뉴욕주: 법을 어기는 모든 행위는 불법이에요.

킹콩은 이번에는 뉴욕의 법을 어기지 않고, 엠파이어 스테이트 빌딩 위로 올라가 경치를 감상하기만 했어요.

멋진
역사적 사실들

600 **카니발은** 1894년 북아메리카에 전파되었어요.

601 **낙하산은** 1515년에 레오나르도 다빈치가
발명했어요.

602 **클레오파트라는** 이집트인이 아니라
그리스인이었어요.

603 **1867년** 러시아 황제
알렉산더 2세는 도박 빚을
갚기 위해 알래스카를
미국에 720만 달러에
팔았어요. 그
시절의 사람들은 이
거래가 미국에 매우 나쁜
거래라고 생각했어요.

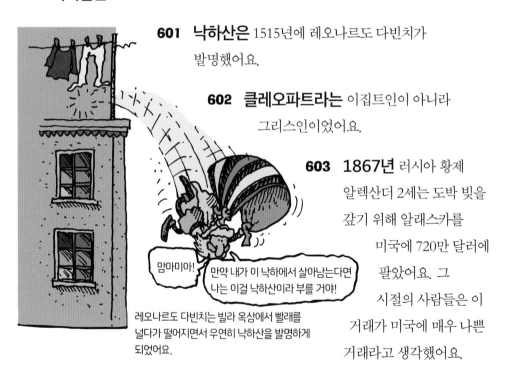

맘마미아!

만약 내가 이 낙하에서 살아남는다면
나는 이걸 낙하산이라 부를 거야!

레오나르도 다빈치는 빌라 옥상에서 빨래를
널다가 떨어지면서 우연히 낙하산을 발명하게
되었어요.

604 **중세시대에** 후추는 물물교환에 쓰였고, 금보다도 값질 때가 많았어요.

605 **세상에서** 가장 오래된 레스토랑은 1153년에 중국에서 연 레스토랑으로, 아직도 영업을 하고 있어요.

606 **초기** 백파이프는 양의 간으로 만들어졌어요.

이봐!
그 작은 양의 간으로 아무 음악이나 연주해 줘. 그 작은 간을 위해 양을 죽였겠지만…. 음정을 죽이진 말라고!

607 **1859년** 웨일스의 글라모건에 물고기가 하늘에서 비처럼 떨어졌어요.

608 **나폴레옹은** 그의 전투 계획을 모래통으로 만들었어요.

이 작은 나무통을 웰링턴 공작이라 해보자. 그리고 이 삽을 내 군대라 하고…. 그리고 너…. 음…. 너는 그냥 내가 무서워하는 사람이야….

나폴레옹은 워털루 전투의 계획을 모래통으로 만들고 있어요.

609 **하와이는** 1900년 6월 14일에 공식적으로 미국의 일부가 되었어요.

610 **19세기** 영국에서는 웨스트민스터 다리에 낙서를 하면 교수형에 처해졌어요.

611 **고대** 올림픽에서 운동선수들은 옷을 다 벗고 경기를 했어요.

612 **러시아에서는** 천으로 만든 돈이 쓰였던 적이 있어요.

613 **일본의** 왕위는 6세기 이후로 같은 가문에 의해 유지되어 왔어요. 현재의 천황은 125대째 왕이에요.

614 **우산은** 고대 이집트에서 유래했는데요, 우산은 왕족과 귀족이 계급의 상징으로 쓰고 다녔어요.

615 **첫** 자판기는 기원전 215년에 발명되었고, 자판기에서는 물이 나왔어요.

616 **로마제국은** 전설 속에서 로물루스와 레무스가 로마를 건설했다던 기원전 700년대부터, 동로마제국이 오스만튀르크족에 의해 무너진 1453년까지 존재했어요.

617 **바이킹은** 순례자들보다 500년 먼저 북아메리카에 갔었어요.

618 **런던** 타워는 현재 영국의 왕관과 왕실 보석이 보관되어 있는 곳이에요. 이 타워는 동물원이었던 적도, 관측소였던 적도, 조폐국이었던 적도, 감옥이었던 적도 있어요.

619 **소니의** 첫 상품은 밥솥이었어요.

620 **공룡들은** 지구에 거의 1억 5000만 년 정도 있었어요. 이것은 사람이 지구에 있던 시간보다 75배 더 길어요.

621 **나폴레옹** 보나파르트는 이탈리아 국기를 디자인했어요.

어떤 디자인을 골라야 할지 모르겠네! 둘 다 아름다워!

자신을 국기 디자이너라고 생각한 나폴레옹 보나파르트는 이탈리아 국기의 디자인을 고민하고 있어요.

622 **1800년** 전에는 왼쪽 신발과 오른쪽 신발의 모양이 똑같았어요.

내 생각에는 이 왼쪽과 오른쪽 신발이라는 게 오래가지 않을 것 같아. 어느 신발을 어느 쪽에 신어야 하는지 기억하는 게 힘들거든!

에드워드는 1800년에 처음으로 왼쪽과 오른쪽 신발을 신어 보았어요.

623 **라이터는** 성냥보다 먼저 발명되었어요.

624 **영국의** 가장 어린 수상은 1783년에 수상이 된 윌리엄 피트에요. 그는 고작 24살이었죠.

625 **차는** 기원전 2737년에 찻잎이 끓는 물에 우연히 날아든 순간, 중국 황제에 의해 발견되었다고 알려져 있어요.

626 **뉴욕의** 토마스 설리번은 1908년에 티백을 발명했어요.

제 발명품인 티백에 대해서 어떻게 생각하세요? 정말 간단해요! 이건 그냥 찻잎이 14kg 담겨 있는 가방이에요!

1907년에 토마스 설리번이 처음으로 디자인한 티백이에요. 그리고 다음 해에 더 가볍고 작은 모델을 발명해냈죠.

627 **헨리** 3세는 그가 아홉 살일 때 왕이 되었어요.

628 **공기를** 넣은 타이어는 차보다 자전거에 먼저 사용되었어요.

빠알리이이…. 차 모는 법으으을…. 배워어야게엔어어어….

공기를 넣은 타이어를 발명한 사람은 덜컹거리는 자전거에 질리고 자동차를 몰 줄 몰랐기 때문에, 공기를 넣은 타이어를 자전거에 먼저 사용했을 수도 있어요.

629 **영국의** 조지 1세는 영어를 할 줄 몰랐어요.

630 **멕시코는** 24시간 안에 세 명의 다른 대통령이 존재하기도 했어요.

631 **세계** 첫 이메일은 1972년에 보내졌어요.

632 **1987년** 한 마리의 다람쥐가 전화선을 끊어 뉴욕 증권 거래소가 하루 동안 문을 닫아야만 했어요.

633 **고대** 이집트에서는 개코원숭이들이 죽으면 미라로 만들기도 했어요.

634 **미군은** 제2차 세계대전 때 박쥐가 폭탄을 떨어뜨릴 수 있도록 훈련을 시도했어요.

635 **선글라스는** 13세기 중국에서 발명되었어요.

636 **1894년** 미국에는 차가 고작 네 대밖에 없었어요.

637 **덴마크는** 세계에서 가장 오래된 국기를 갖고 있어요. 그 국기는 13세기에 만들어졌지요.

덴마크에 있는 세계에서 가장 오래된 국기는 13세기 이후 처음으로 강한 바람을 마주하며 걸려 있어요.

638 **세계에서** 가장 오래된 장난감은 인형이에요. 인형은 3000년 전에 그리스에서 발명되었어요.

639 **중세시대** 사람들은 심장이 인간 지능의 중심이라고 믿었어요.

참 이상하지! 중세시대에는 심장이 인간 지능의 중심이라고 믿었었다니! 모든 사람들은 지능의 중심은 엄지발가락이란 것을 알잖아! 으왓! 뇌를 너무 세게 누르지 않게 조심해!

640 **런던에** 있는 시계 빅 벤은 한 무리의 새들이 분침에 옹기종기 걸터앉아서 시간이 맞지 않을 때가 있었어요.

641 **1600년** 이전에는 새해의 첫날이 3월에 있었어요.

642 **아리스토텔레스에** 의하면 뇌의 주 기능은 피를 식히는 것이었어요.

643 **페르시아** 수상은 10세기에 400마리의 낙타를 이용해 도서관을 가지고 다녔어요. 낙타들은 알파벳 순으로 걸어야만 했지요.

각하, 각하가 읽고 계신 이야기의 마지막 장을 가진 낙타가 행렬에서 사라졌습니다!

사라졌다니? 그러면 나는 골드락스가 세 마리의 끔찍한 곰들한테서 벗어났는지 평생 알 수 없단 말이냐!

644 **고대** 이집트에서는 남자와 여자 모두 으깬 딱정벌레로 만든 아이섀도를 칠했어요.

645 **고대** 일본에서는 누가 방귀를 제일 오래, 그리고 크게 뀔 수 있는지를 가리는 대회가 있었다고 해요.

646 **크라이슬러는** 일본에 떨어진 B-29s폭탄을 만들었어요. 미쓰비시는 B-29s를 격추시킬 Zeros를 만들었어요. 두 회사는 현재 다이아몬드 스타라는 차 만드는 공장을 같이 소유하고 있어요.

음…. 이 풍뎅이 아이섀도가 잘 맞는 건지 모르겠네요. 이 쇠똥구리 염료를 한번 칠해보시겠어요?

647 **신데렐라** 이야기는 중국에서 유래되었어요.

648 **19세기** 영국 해군은 금요일이 배를 출항시키기에 좋지 않은 날이라는
미신이 틀렸다는 것을 증명하고자 했어요. 이걸 위해 배의 용골은 금요일에
만들어졌고, 배의 이름은 HMS 프라이데이(Friday)라고 지어졌으며,
프라이데이 선장이 지휘를 하여 마침내 금요일에 출항을 하게 되었어요. 하지만
그 후에 이 배와 선원을 본 사람은 아무도 없어요.

649 **고대** 이집트에서는 원숭이를 훈련시켜 과일을 수확하게 했어요.

650 **오락실** 게임 중에서 가장 유명한 게임은 〈팩맨〉이에요.

651 **1700년도에** 로마 의사 길렌이 콜드크림을 만든 이후, 콜드크림의 제조법은
거의 바뀌지 않았어요.

652 **영국의** 엘리자베스 2세는 1976년에 첫 이메일을 보냈어요.

엘리자베스 여왕은 그녀의 첫 이메일을 보냈어요…. 그리고 멋진 자동차를 찾기 위해 금세 인터넷 서핑을 하는 방법도 배웠어요.

653 **코카콜라는** 원래 초록색이었어요.

654 **레오나르도** 다빈치는 가위를 발명했어요.

레오나르도 다빈치는 그의 발명품 중 하나인 낙하산에서 빠져나오기 위해 빠르게 가위를 발명했어요.

655 첫 텔레비전 광고는 1941년에 방송되었어요. 광고비는 9달러였어요.

656 세계에서 가장 오래된 이사회인 아이슬란드 국회는 아이슬란드에서 운영되고 있어요. 이 이사회는 기원후 930년에 만들어졌지요.

657 사람들은 고양이를 애완 동물로 기르기 500년 전부터 페럿을 애완 동물로 기르기 시작했어요.

658 세계에서 가장 큰 동전은 구리로 만들어졌고 1m 길이와 60cm 너비의 크기였어요. 이 동전은 19세기 알래스카에서 사용되었고 2500달러의 가치가 있었어요.

659 **민주주의는** 2500년 전 그리스 아테네에서 시작되었어요.

660 **중동에** 살았던 수메르인은 기원전 3450년에 바퀴를 발명했어요.

661 **레오나르도** 다빈치는 발을 간지럽혀서 일어나게 하는 알람 시계를
발명했어요.

레오나르도 다빈치는 자신이 발명한 알람 시계로 잠을 깼어요.

662 **미국인에게** 처음 차를 소개했을 때, 많은 사람들은 차를 어떻게 마시는지
몰랐어요. 그래서 그들은 찻잎을 설탕이나 시럽과 함께 먹었고 잎을 우린 물은
버려 버렸어요.

663 **외바퀴** 손수레는 고대 중국에서 발명되었어요.

664 **아주** 오래전에 체온계는 수은 대신에 브랜디를 채워 넣었어요.

665 **첫** 장난감 풍선은 가황 고무로 만들어졌고, 1847년 런던에서 발명되었어요.

666 **올림픽** 성화는 1936년 독일에 의해 베를린 올림픽에서 발명되었어요.

667 **18세기** 영국의 불법 도박장은 경찰의 단속이 있을 때 주사위를 삼켜버릴 사람을 고용했어요.

668 **1876년** 3월 10일에 알렉산더 그레이엄 벨의 전화기로 온 첫 메시지는 '왓슨 씨, 여기로 오세요, 도움이 필요해요'였어요.

669 **로마인은** 엄청난 연회로 유명했어요. 로마인은 달팽이, 백조, 까마귀, 말, 공작과 같은 이국적인 음식을 먹는 것을 즐겼어요.

670 **1500년대** 필리핀에서는 돌로 요요를 만들어 무기로 사용했어요.

671 **고대** 이집트인들은 돌로 만든 베개를 베고 잤어요.

672 **고무** 지우개가 발명되기 전에 빵은 지우개로 쓰였어요.

673 **19세기** 영국에서는 고속도로를 그을음이 묻은 얼굴로 달리면 교수형에 처해질 수 있었어요.

674 **1930년** 명왕성 발견 후 명왕성은 지금까지 공전 궤도의 20퍼센트밖에 돌지 못했어요. 명왕성이 지금 자리에 마지막으로 있었던 때는 미국의 독립혁명 이전이에요.

675 **1916년** 미국에서 한 남자가 높은 운송료를 피하기 위해 벽돌 건물 한 채를 택배로 유타주를 가로질러 발송시켰어요. 이 이후로 한 건물을 통째로 발송하는 것은 미국에서 불법이 되었어요.

676 **나폴레옹** 보나파르트는 고양이를 무서워했어요.

677 **1830년대에** 토마토소스는 약으로 팔렸어요.

> 만약 토마토소스가 1830년대에 약으로 사용되었다면…, 아이들이 음식에 소스를 맘껏 뿌려도 안전하겠지!

> 이런! 저기 아직 안 뿌렸네!

678 **《걸리버 여행기》에서** 조나단 스위프트는 화성에 있는 두 위성의 정확한 크기와 자전 속도를 묘사했어요. 그는 화성의 위성이 발견되기 100년도 전에 이미 알고 있었어요.

679 **옛날** 옛적, 씨족에서 인기 없는 사람을 내쫓고 싶을 때는 그 사람의 집을 불태웠어요. 여기에서 'to get fired(해고당하다; 불타다)'라는 표현이 유래되었어요.

> 너희 집이 불타고 있어!

> 그건 제가 똥 무더기를 푸는 일에서 해고당했다는 뜻인가요? 좋아요! 어차피 그만두려고 했어요!

로버트 맥도날드는 그의 상사가 그에게 '불탔다'라고 했을 때 그가 해고당했다고 오해했어요. 사실 로버트의 상사는 그의 집이 불탔다고 말한 것이었어요.

680 **체스에서** '체크메이트'라는 단어는 페르시아어의 'Shah Mat', 즉 '왕은 죽었다'라는 말에서 유래되었어요.

681 **중세** 일본의 치과의사는 치아를 손가락으로 뽑았어요.

682 **히틀러는** 1938년에 〈타임스〉 잡지에서 선정한 올해의 남자였어요.

하트셉수트, 나의 믿음직스러운 시녀여, 이 가짜 수염은 어떠하냐?

이집트식 무명옷과 큰 모자가 잘 어울립니다. 폐하! 하이힐도 신어 보시는 것이 어떠한지요?

683 **클레오파트라는** 가끔 가짜 수염을 착용했어요.

684 **경호원들이** 울타리에 배치되어 있던 제2차 세계대전 이전에는 누구나 미국 대통령의 거주지인 백악관의 정문까지 걸어갈 수 있었어요.

685 **초기** 그리스와 로마는 마른 수박을 투구로 썼어요.

오 막시무스···. 넌 항상 과해!

초기 그리스와 로마는 수박을 투구로 사용하기 전에 여러 가지 과일과 채소들로 실험을 해보았어요.

686 **세계** 첫 속도제한은 1903년 영국에서 시행되었어요. 처음 시행된 속도제한 기준은 시속 32km였어요.

687 **첫** 텔레비전 방송은 1936년에 BBC에서 시작되었어요.

688 **19세기** 영국에서는 숟가락을 훔친 것만으로도 교수형에 처해질 수 있었어요.

689 **가라테는** 인도에서 만들어졌지만, 중국에서 발전했어요.

세계에 대한
이상하고
신기한 사실들

690 플로리다주는 영국보다 커요.

691 지구는 적도에서 시속 1600km로 자전해요.

692 **성냥갑** 크기의 순금을 얇게 펴면 그 넓이가 테니스장만 해져요.

운석은 매년 지구에 떨어져요. 하지만 어디로 떨어질까요? 한 번이라도 떨어지는 걸 보았나요? 운석은 항상 다른 곳에 떨어져요.

693 **운석은** 매년 지구에 떨어져요.

694 **지구는** 축을 중심으로 9월보다 3월에 더 느리게 돌아요.

695 **유럽은** 사막이 없는 유일한 대륙이에요.

696 **태평양은** 대서양보다 덜 짜요.

제 말 잘 들어요! 만약 여러분이 2주 동안 바다에서 헤매면…, 그리고 바닷물을 마시면…, 모든 바다가 똑같이 짜요.

697 **다이아몬드는** 가연성 물질이에요.

698 **지구에서** 발사된 총알이 태양까지 가려면 20년이 걸려요.

699 **일본에는** 속옷을 파는 자판기가 있어요.

맙소사! 지구의 누군가가 총알이 태양까지 가려면 얼마나 걸리는지 실험을 하고 있군!

700 **1980년** 프랑스에서는 176km 길이의 교통체증이 있었어요.

701 **지구는** 우주를 시속 10만 km 이상의 속도로 날아다녀요.

702 **초는** 얼어 있을 때 더 잘 타요.

703 **세계에서** 가장 큰 대륙은 아시아예요.

704 **미생물은** 지각 아래 3.5km의 깊이에서까지 발견되어요.

705 **남극이** 북극보다 추워요.

706 **미국은** 전 세계 쓰레기의 20퍼센트를 만들어요.

707 **처음으로** 지구 궤도를 돈 생물은 러시아 우주선을 타고 우주로 나간 개 에요.

708 **모든** 국제 조종사들은 국적에 상관없이 영어를 할 줄 알아야 해요.

709 **1907년에** 이루어진 시카고 대학의 연구에 의하면 노란색은 사람이 인식하기 가장 쉬운 색이에요.

710 **전** 세계에는 사람보다 닭이 더 많아요.

711 **그리스의** 국가는 158절까지 있어요.

712 **아마존** 우림에서는 2.5km²의 땅에 3000여 종의 나무가 살고 있어요.

713 **달은** 지구에서 매일 3.82cm씩 멀어지고 있어요.

714 **영국의** 비숍 록(Bishop's Rock)은 세상에서 가장 작은 섬이에요.

715 **우리가** 사용하는 물의 삼분의 일은 변기물로 내려가게 돼요.

716 **시리아의** 다마스쿠스는 세계에서 가장 오래된 도시예요. 이곳은 기원전 753년에 만들어졌어요.

717 **호주는** 한 대륙을 다 가지고 있는 유일한 국가예요.

718 **영국** 국기는 바다에 있는 배에 걸려 있을 때만 유니언잭(Union Jack)이라고 부를 수 있어요.

719 **미국에** 있는 캘리포니아는 세계에서 다섯 번째로 큰 경제 규모를 가지고 있어요.

720 **미국에** 있는 해안선 절반 이상은 알래스카에 있어요.

721 **폭풍은** 바람의 속력이 시속 119km가 넘어가는 순간 허리케인이 돼요.

722 **방글라데시** 아이들은 시험에서 커닝을 하면 감옥에 갈 수도 있어요.

폭풍이 허리케인이 되는 순간은 바람의 속력이
시속 119km가 넘어가는 순간이에요….
아니면 소나 차가 여러분의 옆을 날아가기
시작할 때이죠.

723 **전** 세계 사람 중 절반은 25살 이하예요.

724 **지구에서는** 매 순간 1800개의 뇌우가 발생해요.

725 **태평양에서** 가장 깊은 곳의 깊이는 11km예요.

726 **오스트레일리아와** 영국에서는 스위치를 아래로 내려서 불을 켜요. 반면, 미국에서는 스위치를 위로 올려서 불을 켜요.

727 **매해** 스웨덴에서는 얼음으로 호텔을 지어요. 호텔은 녹아버리지만, 다음 해에 다시 짓는답니다.

728 **전** 세계 중 거의 절반의 사람들은 전화를 걸어본 적이 없어요.

729 **전** 세계에서는 매해 5만 번 이상의 지진이 일어나요.

730 **사람들은** 지구 중심의 온도가 태양의 표면과 비슷할 거라고 믿고 있어요.

731 **땅에** 가장 많이 있는 금속은 알루미늄이에요.

732 **항해용** 장비가 설치된 빙산은 3840km를 항해했어요.

733 **45억** 4000만 년 전 지구가 만들어졌을 때의 물의 양과 지금 지구에 있는 물의 양은 같아요.

734 빗방울이 클수록 무지개도 커져요.

735 지구는 표면은 당구공보다 더 매끄러워요.

지구는 당구공보다 매끄럽게 되어 있어요….
하지만 밥은 공으로 북아메리카 부분을 잘못 쳐
9번 공을 테이블 밖으로 떨어뜨렸어요.

736 플로리다에 있는 디즈니 월드의 크기는 맨해튼의 두 배예요.

737 바닷물 한 방울이 전 세계를 일주하려면 1000년 이상이 걸려요.

738 지구는 보름달이 뜰 때 아주 조금 더 더워요.

클로드, 오늘 밤 좀 덥지 않아?

아니, 왜? 그렇게 느껴야 하는 날인 거야? 철판 지붕이 조금 따뜻하긴 하네!

사람들 말로는 지구는 보름달이 뜰 때 아주 조금 더 덥대!

739 러시아와 미국은 각 나라에서 서로 가장 가까이 있는 지역을 기준으로 4km
떨어져 있어요.

740 **사우디아라비아의** 사막에는 태양열로 작동하는 공중전화가 있어요.

741 **지구에** 지금까지 존재했다고 알려진 생물의 95퍼센트는 이미 멸종했어요.

742 **남극** 대륙의 국제 번호는 67이에요.

743 **태평양의** 파도는 34m 높이까지 올라가요.

744 **지구의** 크기는 달의 80배예요.

745 **빛이** 태양에서 지구까지 오는 데 걸리는 시간은 8분 17초예요.

746 **1865년** 2월은 역사상 보름달이 없었던 유일할 달이에요.

747 **아마존강은** 대서양에 많은 양의 물을 내보내요. 그래서 하구에서 160km 떨어진 바다에도 담수가 있어요.

748 **번개** 맞은 사람들 중 80퍼센트는 남자예요.

749 **평균적으로** 운석은 모래알보다 작지만, 대기권에 들어오면 거의 시속 4만 8000km의 속력으로 움직여요. 운석이 이 속력으로 움직이면 매우 밝게 타서 땅에서는 별똥별로 보여요.

750 **빗방울은** 시속 712km 정도의 속력으로 떨어져요.

751 **심한** 폭풍이 오면 엠파이어 스테이트 빌딩은 양옆으로 조금 흔들릴 수도 있어요.

음식에 대한 신기한 사실들

752 결이 고운 화산재는 가끔 치약의 재료로 사용돼요.

753 커피 한 잔에 들어 있는 카페인양을 섭취하기 위해서는 코코아 12잔을 마셔야 해요.

754 옛날 영국에서 가장 유명한 요리는 종달새의 혀 요리였어요.

755 베트남에는 도마뱀 피로 만든 음료가 있어요.

756 **껌을** 씹으면 양파를 썰 때 눈물이 나오는 것을 막을 수 있어요.

757 **후추는** 세계에서 가장 보편적으로 쓰이는 향신료예요.

이제 막 양파를 썰 참인데…. 근데 이 끔찍한 껌을 밟아버렸네.

루퍼트는 그의 엄마가 양파를 썰 때 우는 것을 보는 걸 견딜 수 없었어요. 그래서 그는 껌을 바닥에 뱉어 놓았어요. 그러자 엄마는 양파를 자를 수 없었어요.

탄자니아의 흰개미 파이는 만들고 나서 바로 먹어야 해요. 그리고 절대로 나무 테이블 위에 두면 안 돼요.

758 **탄자니아** 요리 중에는 흰개미 파이가 있어요.

759 **세계** 먹기 기록의 첫 번째 기록은 2분 만에 12마리의 민달팽이를 먹은 기록이에요.

760 **옛날에** 한국에서는 달걀을 줄로 엮어서 팔았어요.

761 **인도** 공주들이 가장 좋아하는 음식은 낙타에 염소를 집어넣고, 염소 안에 공작을 집어넣고, 공작안에 닭을 집어넣고, 닭 안에 사막꿩을 집어넣고, 사막꿩 안에 메추라기를 집어넣고, 메추라기 안에 참새를 집어넣어서 낙타가 부드럽게 될 때까지 땅속에서 구운 음식이었어요.

딱 한 마리만 더!

월터는 최선을 다했지만, 2분 만에 민달팽이 12마리를 먹었던 자신의 기록을 깨기 위해 미끄러지는 13번째 민달팽이를 삼키지는 못했어요.

세계 민달팽이 먹기 대회

762 **어떤** 아마존 부족들은 타란툴라 바비큐를 좋아해요. 사실 타란툴라는 새우 같은 맛이 난다고 해요.

바람총은 내려놓고…, 나무를 가져와서 앉아. 타란툴라를 불 안에 집어 넣고 발효된 코코아 잎을 넣은 그릇을 챙기고 나랑 축구에 관한 얘기 좀 하자.

763 **바나나** 나무는 자기 스스로 번식할 수 없어요. 무조건 사람이 번식을 도와주어야 해요.

764 **세계** 먹기 기록의 두 번째 기록은 4분 만에 28마리의 바퀴벌레를 먹은 기록이에요.

월터…, 네가 방금 세계 달팽이 먹기 대회를 끝낸 것을 알지만 혹시 세계 바퀴벌레 먹기 대회에 나가보고 싶지 않은가?

765 **뉴저지의** 뉴어크에서 오후 6시 이후에 진단서 없이 아이스크림을 사는 것은 불법이에요.

766 **나초는** 임산부가 가장 자주 먹고 싶어 하는 음식이에요.

767 쥐고기 소시지는 한 때 필리핀에서 별미로 꼽혔어요.

768 통조림은 1813년에
발명되었지만, 깡통 따개는
1870년까지 발명되지
않았어요.

만약 아침으로 구운 콩을 먹고 싶으면,
이 통조림을 꺼내서 열릴 때까지 이 돌로
내리치면 돼.

769 힌두교 신자들은 소고기를
먹지 않기 때문에, 뉴델리에
있는 맥도날드는 양으로
햄버거를 만들어요.

770 대왕고래는 하루에 150만 칼로리를 섭취해야 해요.

771 칭기즈 칸은 물고기에 대해서 말다툼을 하다가 그의 형제를 죽였어요.

이건 거피야!

아니야! 금붕어잖아! 난 몽골에서 금붕어를
키웠었어! 그래서 안다고!
어쨌거나…, 난
칭기즈 칸이야.
난 언제나
옳지.

모든 게 잘못되기 전 연못에서의
장면이에요…. 그리고 칭기즈 칸은
그의 형제를 물고기 때문에 죽였지요.

772 세계 먹기 기록의 세 번째 기록은 3분 만에 60마리의 벌레를 먹은 기록이에요.

773 땅콩은 다이너마이트의 재료 중 하나예요.

774 여자들은 입술에 바른 립스틱 대부분을 삼키고 소화해 버려요.

775 고무줄은 냉장고에 넣으면 더 오래 가요.

드웨인은 일식 레스토랑에서 그의 친구들을 감명시키고 싶어서…, 모든 메뉴를 다 시켰어요. 그중에는 석쇠로 구운 딱정벌레 애벌레도 있었어요.

776 일본 음식 중에는 석쇠로 구운 딱정벌레 애벌레가 있어요.

777 세계 먹기 기록의 네 번째 기록은 2초 만에 13개의 날달걀을 먹은 기록이에요.

778 **한** 그루의 커피나무는 1년 동안 굵게 간 450그램만큼의 커피를 생산할 수 있어요.

779 **코알라는** 물을 마시지 않아요.

780 **첫** 할리데이비슨 오토바이는 1903년에 만들어졌는데, 토마토 캔을 기화기로 사용했어요.

781 **풍선껌에는** 고무가 들어가 있어요.

782 **옛날** 아일랜드에서는 백일해의 약으로 우유에 끓인 양의 똥을 사용했어요.

783 벨리즈에서 유명한 음식 중에는 으깨서 구운 바퀴벌레가 들어가 있어요.

784 세계 먹기 기록의 다섯 번째 기록은 11분 만에 144마리의 달팽이를 먹은 기록이에요.

785 중국인들이 가장 좋아하는 음식은 자연 건조한 애벌레예요.

786 치약에서 충치를 제거하는 역할을 하는 불소는 깡통을 재활용해 만들어져요.

787 대부분의 소들은 음악을 들려주면 우유가 더 많이 나와요.

788 파란 칫솔을 쓰는 사람이 빨간 칫솔을 쓰는 사람보다 많아요.

789 **비에는** 비타민 B12가 포함되어 있어요.

790 **사모아** 사람의 음식 중에는 구운 박쥐 요리가 있어요.

791 **멕시코인들이** 가장 좋아하는 음식은 양의 뇌로 만든 타코예요.

792 **세계** 먹기 기록의 여섯 번째 기록은 4분 만에 바나나 12개를 껍질 채로 먹은 기록이에요.

여보세요! 전화 교환원이신가요? 월터 스미스씨의 전화번호를 알고 싶은데 가능할까요? 월터 씨가 예전 전화번호를 해지해 버린 것 같아요. 월터 씨에게 바나나 먹기 대회에 대해서 알려줘야 하는데…. 네…, 바나나요. 4분만에 12개를 먹는 대회예요! 이번엔 껍질채로요!

793 **에콰도르에서는** 기니피그를 끓여 먹었었어요.

794 **전자레인지는** 1940년대에 어떤 연구자가 레이더 튜브 앞을 지나간 후 그의 주머니 안에 있던 초콜릿 바가 녹은 것을 보고 발명되었어요.

이런! 이곳이 점점 더워지는데? 아니면 그냥 열이 나는 건가? 내 뇌가 터질 것 같아!

오스틴 박사는 자신의 동료 연구자들에게 그가 발견한 것을 알려주기 위해 자신의 초콜릿바를 녹인 그 레이더 앞에서 전화를 했어요.

795 **16세기까지** 당근은 검은색, 초록색, 빨간색 그리고 보라색이었어요. 하지만 그 후 네덜란드의 원예학자가 오렌지색 당근을 생산하는 노란색 돌연변이 씨앗을 발견했어요.

796 **독거미에게** 물려 죽는 것보다 샴페인 코르크 때문에 죽을 확률이 더 높아요.

비록 독거미가 결혼식장에 풀어져 있었지만…, 정말로
무서워해야 할 것은 샴페인 병을 든 신부의 아버지였어요.

797 **아침에** 사과를 먹으면 커피를 마시는 것보다 아침잠을 깨는 데에 더 도움이 돼요.

798 **우주비행사들은** 우주로 가기 전에 콩을 먹으면 안 되는데, 그 이유는 방귀가 우주복을 망가뜨릴 수 있기 때문이에요.

799 **거의** 모든 립스틱에는 물고기 비늘 성분이 들어 있어요.

800 **노르웨이** 사람들이 가장 좋아하는 음식은 소 피로 만든 푸딩이에요.

에릭은 노르웨이에서 소 피로 만든 푸딩을 처음 먹어 보았어요.

801 **세계** 먹기 기록의 일곱 번째 기록은 5분 만에 애벌레 100마리를 먹은 기록이에요.

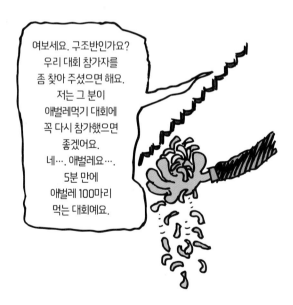

기묘한 단어에 대한 신기한 이야기들

802 영어에서 month(달), orange(오렌지), silver(은), purple(보라)와 운(rhyme)이 맞는 단어는 없어요.

종이에 있는 단어들과 운(rhyme)이 맞는 단어들을 이용해서 시를 써오세요…. 시간은 충분히 드리겠지만 모든 단어가 운이 맞고 재치 있게 써와야 해요!

달 오렌지 은 보라

가자…!

와! 저게 끝이야? 내가 저걸 들으려고 하루 종일 기다렸던 거야?

803 Go(가다)는 영어에서 가장 짧은 단어예요.

804 'Paradise(낙원)'는 페르시아어에서 왕족의 놀이동산이라는 말이었어요.

805 세상에서 알파벳의 수가 가장 많은 언어는 캄보디아어에요. 캄보디아에는 알파벳이 74글자나 있지요.

806 **하와이의** 알파벳은 12글자밖에 없어요.

807 **영어에서** 가장 긴 단어는
'pneumonoultramicroscopicsilicovolcanoconiosis(폐진증)'이에요.

808 **'Aardvark'는** '땅돼지'라는 뜻이에요.

809 **영어** 단어에서 똑같은 글자의 반복
없이 쓸 수 있는 유일한 15글자 단어는
'uncopyrightable(저작권을 취득할 수
없는)'이에요.

810 **'Jeep(지프차)'는** 미군에서 쓰던 일반
목적 차량의 축약어인 'GP(general
purpose vehicle)'에서 유래했어요.

811 **이누이트족(에스키모인)은** 눈을 표현하는 단어가 20가지나 있어요.

812 **수스** 박사는 'nerd(괴짜)'라는 단어를 만들었어요.

813 **'Bug(버그; 벌레)'라는** 컴퓨터 용어는 컴퓨터가 진공관으로 만들어지던 때에 만들어졌어요. 벌레들은 따뜻한 관에서 살기를 좋아했고, 그래서 가끔씩 벌레 때문에 합선이 일어났어요.

814 **'Zorro(조로)'는** '여우'라는 뜻의 스페인어예요.

멕시코의 위대한 슈퍼 히어로…, 조로(여우)

815 **'News(뉴스)'라는** 말은 사방위의 줄임말이에요(north(북), east(동), west(서) and south(남))

816 **다락방은** 아티카에서 발명되었어요.

817 **달에서** 사람이 가장 먼저 말한 단어는 '오케이'예요.

818 **영어에서** 가장 오래된 단어는 'town(마을)'이에요.

내가 쟤한테 달 착륙선의 연료가 다 떨어져서 지구로 돌아올 수 없다고 하니까 쟤가 뭐라고 한 줄 알아?

오케이래!

알겠대? 분명 보청기 배터리를 집 화장대 위에 두고 왔겠구먼!

819 'Diastema(치극)'은 이빨 사이의 틈을 얘기해요.

820 고릴라의 학명은 Gorilla gorilla(고릴라 고릴라)예요.

821 영어에서 가장 긴 한 음절로 된 단어는 'screeched(끼익하는 소리를 내다)'예요.

822 중국에는 영어를 할 줄 아는 사람이 미국보다 많아요.

823 'Mrs.(기혼 여성의 이름 앞에 붙는 명칭)'은 풀어서 쓸 수 없어요.

824 알파벳'i'위에 있는 점은 'tittle(점획)'이라고 불러요.

825 나비들(Butterflies)은 옛날에 'Flutterbys(플루터바이)'라고 불렸어요.

826 'Aloha(알로하)'는 하와이 사람들 사이에서 '잘 가'와 '안녕' 이 모두의 의미로 쓰여요.

827 'Sixth sick sheik's sixth sheep's sick(몸이 아픈 여섯 번째 교주의 여섯 번째 양이 아프다)'는 영어에서 가장 발음하기 힘든 문장이에요.

828 'Spat'은 애기 굴이에요.

829 'Queueing(줄서기)'는 영단어에서 다섯 개의 모음 알파벳이 붙어있는 유일한 단어예요.

830 **뉴턴은** 영국에서 가장 흔한 지명이에요. 영국에는 이 이름을 가진 장소가 150여 군데 있어요.

831 **1880년대** 영국에서 'pants(바지)'는 안 좋은 의미의 단어로 받아들여 졌어요.

에비니저의 아내는 1882년 런던의 크리스마스 세일을 기회로 삼았어요. 그녀는 싸구려 커튼들을 보이는 대로 다 샀어요…. 그리고 커튼으로 남편의 바지를 만들어 남편을 욕보였을 뿐만 아니라…, 남편이 악명을 떨치게 만들었어요.

832 **'Dreamt**(dream의 과거, 과거분사)'는 영어에서 유일하게 'mt'로 끝나는 단어예요.

833 **'Of(~의)'는** 'f(에프)'가 'v(브이)'로 발음이 되는 유일한 단어예요.

834 **임신한** 금붕어는 '트윗(twit)'이라 불러요.

835 **'Bookkeeper**(회계 장부 담당자)'와 'bookkeeping(부기)'는 영어에서 세 번 연속으로 똑같은 알파벳이 두 번씩 나오는 유일한 단어들이에요.

836 **'Taxi(택시)'는** 영어, 독일어, 프랑스어, 스웨덴어와 포르투갈어에서 철자가 똑같아요.

837 **영어** 알파벳에서 가장 많이 쓰이는 알파벳은 'e'이고, 가장 적게 쓰이는 알파벳은 'q'에요.

838 'Karaoke(노래방)'란 단어는 '빈 오케스트라'라는 뜻이에요.

> 저 노래는 무슨 노래야?
>
> 나도 몰라…. 뭐라고 말하기 애매하네! 애초에 저게 노래야? 지금까지 들었던 노래 중에 저런 노래는 없었어!
>
> 혹시 'karaoke (노래방)'가 '빈 오케스트라'라는 뜻인 거 알아? 난 그 뜻이 '끔찍한 소리'나 '부끄러운 공연'이라고 생각해!

839 문장 'the quick brown fox jumps over the lazy dog(빠른 갈색 여우가 게으른 개를 뛰어넘었다)'에는 영어의 모든 알파벳이 사용되어요.

> 와! 게으른 사냥개가 잠에 든 줄 알았는데!
>
> 컹!

문장 'the quick brown fox jumps over the lazy dog(빠른 갈색 여우가 게으른 개를 뛰어넘었다)'에는 영어의 모든 알파벳이 사용되어요…. 하지만 'The lazy dog wasn't asleep…. he was only pretending(게으른 개는 잠든 게 아니었어요…. 그는 그저 잠든 척을 하고 있었을 뿐이에요)'라는 문장을 붙이면 더욱 많은 글자들을 쓰게 되어요.

이상한
과학 이야기

840 **유리는** 모래로부터 만들어져요.

841 **고체처럼** 보이는 유리는 사실 매우 천천히 움직이는 액체예요.

에드워드, 여기 와서 모래성 만들자!

에디, 빨리 수영하자!

지금…. 세상에 있는 모든 해변의 모래로 얼마나 많은 유리병을 만들 수 있는지 계산해냈어!

다른 아이들이 삽과 양동이를 가지고 바다에 놀러갈 때…,
공부벌레 에드워드는 계산기를 들고 바다로 향했어요.

842 **빙산** 하나는 불이 붙어있는 성냥보다 많은 열을 가지고 있어요.

만약 빙산 하나가 불이 붙어있는 성냥보다
많은 열을 가지고 있다면…, 그 열이
결국에는 빙산을 녹이겠지!

843 **벨크로는** 개 산책을 시킨 후에 개에게 붙어 있는 씨앗을 연구했던 사람이 발명했어요.

844 **백색광은** 스펙트럼에 있는 모든 색깔이 섞인 결과물이에요.

845 엘리너 루스벨트는 1939년 뉴욕의 세계 박람회에서 오직 전기 뱀장어의 전기를 이용해 전보를 받았어요.

846 과학자들은 유전자 변형된 염소를 기르고 있는데, 이 염소에서 나온 우유는 거미줄로 변했다가, 다시 매우 강한 밧줄로 변해요.

847 어떤 원시 생물들은 물이 있으면 어디에서든 살 수 있는데, 심지어는 끓는 물이나 얼음에서도 살 수 있어요.

848 채찍을 휘두를 때 나는 소리는 사실 채찍의 끝이 음속 장벽을 가를 때 발생하는 작은 소닉붐이에요.

849 엄청 작은 기타가 나노 테크놀로지를 이용해 만들어졌어요. 이 기타는 적혈구보다도 작아요.

850 달의 기온은 밤에 260도까지 내려가요.

851 발명가 토머스 에디슨은 40년 동안 거의 300개의 특허를 냈어요.

852 존 로지 베어드는 1924년에 골판지, 나무 조각, 바늘, 줄 그리고 다른 재료들로 첫 텔레비전을 만들었어요.

853 매년 1000종이 넘는 곤충들이 발견되어요.

854 **1889년,** 미국 특허국 장관은 '모든 것은 발명되었고, 발명될 수 있습니다'라고 말했어요.

855 **화장실** 휴지는 1857년에 뉴욕에서 발명되었어요.

856 **첫** 비디오카세트 녹화기는 1956년에 만들어졌어요. 크기는 거의 수직으로 세워 둔 피아노와 같았어요.

857 **양과** 염소 사이의 잡종을 '깁(geep)'이라고 불러요.

만약 양과 염소 사이의 잡종이 깁(geep)이면…,
개와 돼지의 잡종은….
딕(dig)이겠네요!

858 **토머스** 에디슨은 어둠을 무서워했어요.

토머스 에디슨은 어둠을 무서워해서
전구를 발명했을 수도 있어요.

859 **컴퓨터** 용어인 '바이트(byte)'는 '8로(by eight)'의 줄임말이에요.

860 **푸에르토리코의** 아레시보 관측소에는 세상에서 가장 큰 전파 망원경이 있어요. 이 전파 망원경은 크기가 300m가 넘고, 목성에서의 전화 신호를 잡아낼 수 있어요.

지구의 아레시보에 있는 전파 망원경이 얼마나 잘 작동하는지 보자. 푸에르토리코에 있는 가게에서 피자를 배달시켜야지.

861 **영국의** 약사인 존 워커는 그의 발명품을 절대 특허 출원하지 않았어요. 왜냐하면 존 워커는 이런 중요한 발명들은 모두가 함께 가질 수 있는 공공재산이 되어야 한다고 생각했기 때문이에요.

862 **플로렌스** 나이팅게일은 박테리아를 믿지 않았어요.

863 **아이작** 뉴턴은 고양이 문을 발명했어요.

아 고양이야! 불쌍한 내 고양이야! 나무에서 사과가 떨어졌을 때처럼…. 네가 왜 문에 부딪히고 튕겨 나가는지에 대한 이론이 있단다! 너는 문을 통과할 수 있는 고양이 문이 필요한 거야!

864 **세상에서** 가장 작은 모터는 캘리포니아 대학 버클리 캠퍼스에서 만들어졌어요. 300개의 모터가 머리카락 한 올 위에 일렬로 설 수 있을 정도로 작아요.

865 **꿀은** 가끔 부동액 혼합물의 재료나 골프공의 중심부 재료로 쓰여요.

866 **에펠탑은** 언제나 해와 반대 방향으로 기울어져 있는데, 그 이유는 해가 금속을 팽창시키기 때문이에요.

867 **햇빛을** 렌즈 모양의 얼음을 통해 탈 수 있는 가연성 물질에 집중시키면 불을 지필 수 있어요.

868 **전기의자는** 치과의사에 의해 발명됐어요.

저는 이 치과의사가 정말 소름 끼친다고 생각했어요…. 그냥 생김새가 그랬을 수도 있어요…. 아니면 불편한 나무의자나…, 저를 감싼 벨트나…, 전기세가 너무 많이 나온다고 했던 대화 때문인가…. 아니면 치과의사가 특이하게 전기의자 발명에 관해 이야기했기 때문인지도 몰라요!

869 **첫** 번째 청진기는 1816년에 돌돌 만 종이로 만들어졌어요.

한번도 들어본 적 없는 심장소리예요! 종이 튜브가 구겨지는 듯한 소리만 들리고 있어요!

콰직

제 생각엔 정말 큰일 난 것 같아요.

동의해요!

870 **고양이의** 오줌에 불가시광선을 비추면 빛이 나요.

871 **뜨거운** 물이 차가운 물보다 빨리 얼어요.

소름 끼치는
특허 이야기

872 **특허** 번호 GB2272154는 '거미가 욕조에서 기어나갈 수 있게 하는 사다리'예요. 이 사다리는 욕조의 안쪽 윤곽에서 볼 수 있는 얇고 신축성 있는 라텍스 고무로 만들어졌어요. 사다리에 있는 흡입 패드는 욕조의 윗부분에 붙여요.

873 **특허** 번호 GB2060081은 '말로 움직이는 작은 버스'예요. 말이 버스 중간에 있는 컨베이어 벨트 위를 걸으면, 컨베이어 벨트가 돌아가면서 기어박스를 통해서 바퀴를 굴려요. 말의 목줄에 있는 체온계는 버스의 계기판에 연결되어 있어요. 운전자는 대걸레 같은 털 뭉치 모양으로 생긴 핸들을 말에게 갖다 대면서 신호를 줄 수 있어요.

874 **특허** 번호 GB2172200은 '머리에 쓰는 우산'이에요. 우산의 지지대는 사람의 머리 모양을 망치지 않도록 디자인되었어요.

음…. 이 우산의 가장 좋은 점은 제 머리를 망치지 않는다는 점이에요…. 그리고 두 손이 자유로워서 쇼핑도 맘껏 할 수 있지요!

비가 올 때요? 아니요…. 비가 올 때는 이용할 수 없어요! 아마 다 젖게 될걸요!

875 **특허** 번호 GB2289222는 '방귀 수집 장치'예요. 이 장치에는 사람의 대장에 넣어 방귀를 수집하는 튜브가 달려있어요. 대장에 넣는 이 튜브의 끝부분은 필터용 천과 가스가 통과할 수 있는 주머니로 덮여 있어요.

876 **특허** 번호 US6325727은 '수중 골프 스윙 연습 장치'예요. 이 장치에는 수동으로 조절할 수 있는 유체역학적 조정식 노가 달려있어요. 이 장치는 골프를 연습하는 사람이 물에서 스윙할 때 다양한 저항을 경험할 수 있게 만들어줘요.

밥은 벙커를 연습하기 위해
수중 골프 스윙 연습 장치를 사용했지만,
밥이 친 공은 수영장의 바로 옆까지밖에 가지 않았어요.

877 **특허** 번호 GB2267208은 '허리끈에 매달 수 있는 휴대용 의자'예요. 의자의 쿠션은 보관용도 쿠션에서 착석 용도의 쿠션으로 회전할 수 있어요.

878 **특허** 번호 US4233942는 '털이 긴 개가 밥을 먹을 때 먹이 때문에 귀가 더럽혀지지 않도록 도와주는 물건'이에요. 이 물건의 각각의 튜브에 개의 귀를 하나씩 연결하면, 개가 밥을 먹을 때 말려 있던 튜브가 개의 귀를 입에서 떨어뜨려 줘요.

879 **특허** 번호 WO9701384는 '가상의 애완동물을 산책시키기 위한 가죽끈'이에요. 이 가죽끈은 구매할 때부터 이미 모양을 갖추고 있는데요, 가죽끈에는 애완동물용 벨트와 목줄이 붙어있어요. 목줄에 있는 작은 스피커는 손잡이에 연결되어 있어 여러 가지 짖는 소리를 낼 수 있어요.

880 **특허** 번호 GB1453920은 '마천루 옥상에 말려 있는 방화용 커튼'이에요. 건물에 불이 나면 말려 있던 커튼이 풀어져 빌딩을 덮으며 불을 꺼요.

881 **특허** 번호 US5971329는 '모터가 달린 아이스크림콘'이에요. 아이스크림을 먹는 동안 아이스크림콘이 돌아가지요.

러스티는 과일 아이스크림콘에 달린 모터를 낮은 속도로 맞추었더니…, 아이스크림을 맘껏 먹을 수 없었어요. 그래서 러스티는 아이스크림콘 모터를 빠른 속도에 맞추었어요.

882 **특허** 번호 US2760763은 '달걀 교반기'예요. 달걀 교반기는 달걀 껍데기를 깨지 않고도 달걀을 섞을 수 있어요.

와! 그늘에 있으니 그나마 시원하네. 그래도 아직 더운데! 내가 맥주를 어디에 놓지?

883 **특허** 번호 US6637447은 '맥주 우산'이에요. 맥주 우산은 맥주병에 끼우는 조그마한 우산이에요. 이것은 햇빛이 맥주를 데우지 않도록 햇빛으로부터 맥주를 보호해 줘요.

884 **특허** 번호 WO98/21939는 '사슴 귀'예요. 사슴 귀를 사용하는 방법은 간단해요. 사슴 귀를 머리에 쓰고, 듣고 싶은 방향으로 귀를 돌려주기만 하면 돼요.

> 저는 사슴 귀뿐만 아니라…. 사슴뿔도 같이 썼어요. 이러면 제가 진짜 사슴이 된 것 같아요!

> 심지어 가끔은 빨간 코를 붙이고 루돌프가 돼요!

885 **특허** 번호 US3150831은 '생일 초 소화기'예요.

886 **특허** 번호 US5713081은 '다리가 세 개인 팬티스타킹'이에요. 만약 스타킹의 올이 나가면, 남아있는 다리로 바꾸기만 하면 돼요. 올이 나간 쪽은 팬티스타킹의 사타구니 쪽에 있는 주머니에 구겨 넣으면 됩니다.

> 이런! 이 고집 세고 더러운 초 같으니라고!

아멜리아가 생일 초를 끄기 위해 세 번이나 초를 불었지만 꺼지지 않았어요…. 그리고 그 세 번째 시도가 마지막이었어요!

887 **특허** 번호 US5719656은 '다리 없는 안경'이에요. 먼저 강한 자석을 머리 양옆에 붙여요. 그러면 자석이 들어 있는 안경테가 머리에 붙여 놓은 자석에 붙을 거예요.

888 **특허** 번호 US4022227은 '대머리를 감추기 위한 세 갈래 빗질 방법'이에요. 먼저 옆머리를 길게 기른 후, 그 옆머리를 세 갈래로 나누어요. 세 갈래로 나눈 머리 중 한 묶음씩 머리가 없는 부분 위로 빗질을 해 나가면 돼요.

889 **특허** 번호 US4344424는 여러분이 숨을 쉬고 말은 할 수 있으나 먹지 못하게 하기 위한 '입마개'예요.

자물쇠의 비밀번호가
000이었나?
아니면 123?
아 정말! 초콜릿
셰이크가 정말 먹고
싶은데…!
아니면 321? 005?
223? 831? 181?
889? 422? 345?

890 **특허** 번호 US4872422는 '애완동물을 쓰다듬는 기계'예요. 이 전자제품은 눈을 통해 애완동물을 감지하고, 그 신호를 전기 모터에 전달해 쓰다듬기용 팔을 작동시켜요. 쓰다듬기용 팔에는 진짜 사람이 쓰다듬어 주는 것처럼 만들기 위해 사람 손 모양이 달려있어요.

삐 삐 삐

햄스터인 로저는
쓰다듬기용 팔에
아무런 흥미가
없지만…,
쓰다듬기용 팔은
그렇게 쉽게 포기하지
않을 모양이에요.

891 **특허** 번호 USD342712는 비가 오는 날에 애완동물에게 사용할 수 있는 발명품이에요. 애완동물의 허리를 투명한 텐트 모양의 구조물에 고정시켜, 비가 올 때 애완동물이 젖지 않게 해주어요. 텐트 안에는 애완동물이 숨을 쉴 수 있는 공기구멍이 뚫려 있어요.

892 **특허** 번호 US6557994는 '안경을 얼굴에 매달기 위한 물건'이에요. 안경을 얼굴에 매달기 위해서는 피어싱 고리를 사용해야 해요. 먼저 눈썹에 피어싱 고리를 달고 안경을 고리에 걸면 돼요. 피어싱 고리가 아니라 코걸이 고리를 사용해 안경을 매달 수 있게 하는 디자인도 있어요.

893 특허 번호 US6266930은 '싸움 방지 보호막'이에요. 이 보호막은 차의 앞좌석과 뒷좌석 사이에 끼울 수 있는 깨지지 않는 선명한 아크릴 유리로, 부모님이 운전하실 때 아이들을 서로 떨어뜨려 놔서 싸우는 것을 막아 줘요.

894 특허 번호 US4825469는 '팽창 가능한 오토바이복'이에요. 만약 운전자가 오토바이에서 굴러떨어지면, 이 옷이 압축공기를 부풀려서 운전자의 머리, 팔, 몸통과 다리를 다치지 않게 보호해 줘요.

와! 오토바이에서 시속 160km로 굴러 떨어졌으니…. 6km는 굴러가겠네.

895 특허 번호 US4365889는 '흡수 패드가 달린 손목 밴드'예요. 사람들은 감기에 걸렸을 때 콧물을 이 밴드에 닦을 수 있어요. 패드를 가릴 수 있는 덮개도 있어서 더러운 부분을 안쪽에 숨길 수 있어요.

와! 정말 놀라운 발명품이야! 예전에는 소매로 닦았었는데!

896 특허 번호 US4299921은 '맡아보세요'마스크예요. 이 마스크를 쓰고 입으로 숨을 내쉬고 코로 들이쉬면 입 냄새가 나는지 확인할 수 있어요.

897 **특허** 번호 US3842343은 '흙받기'로 진흙이 신발 뒤로 튀는 것을 방지해 줘요.

898 **특허** 번호 US6704666은 '말하고 휘두르기'예요. 이것은 자동화된 골프채
선택 시스템인데요, 골프 가방에 대고 어느 골프채를 원하는지 말하기만 하면,
골프채가 골프 가방에서 튀어나와요.

899 **특허** 번호 US5372954는 '가발 뒤집개'예요. 가발은 큰 스프링이 달려있고, 작은
모자에 붙어있어요. 스프링을 꾹 누르고 모자에 고정시킨 뒤 머리 위에 올려요.
그리고 스프링 발사 버튼을 누르면 가발이 하늘로 솟구치게 돼요.

900 **특허** 번호 US6600372는 '침 뱉는 오리'예요. 이 물건은 거의 모든 화장실에
설치할 수 있고, 화장지를 쓰는 대신에 오리의 부리를 들어 올리면 분사구에서
세척액이 엉덩이로 뿌려져요.

901 **특허** 번호 US5352633은 '팔꿈치 벙어리장갑'으로 운전자가 한쪽 팔에 낄 수 있는 장갑이에요. 이 장갑은 팔을 창문에 기댈 때 팔이 햇빛에 타지 않게 해 줘요.

이 새 팔꿈치 벙어리장갑 정말 훌륭한데! 디자인도 두 가지가 있어. 표범 무늬랑 호랑이 무늬. 나는 표범무늬를 골랐어…. 왜냐하면 나는 좀 더…, '으르렁'파니까!

902 **특허** 번호 US6630345는 '엉덩이 브래지어'예요. 이 물건은 사람의 엉덩이를 올리고, 받쳐 주고, 모양을 잡아 주어 아름다운 엉덩이 모양을 만들어 주어요. 이 브래지어는 모든 사이즈의 엉덩이에 맞게 사이즈를 조절할 수 있어요.

903 **특허** 번호 US5848443은 '안심할 수 있는 여행'을 위한 것이에요. 이 특허는 운전할 때 쓸 수 있는 패드형 화장실이고, 심지어 물을 내릴 수도 있어요.

전화로 팔꿈치 벙어리 장갑을 샀는데, 판매원이 너무 친절해서 운전할 때 사용하는 패드형 화장실까지 사버렸어요! 그러니까 스테이크용 나이프를 공짜로 주더라구요!

쿠루루룽

지금 화장실 물을 내리고 있어요!

빨리 공짜로 받은 스테이크용 나이프도 써 보고 싶네요!

904 **특허** 번호 US5375340은 '시원한 신발'이에요. 이 신발은 냉난방 조절 장치가 들어있는 신발로 신발 뒤축에 열 교환 코일이 들어 있는 작은 회로가 설치되어 있어요. 그래서 한 발짝 걸을 때마다 신발을 신은 사람이 압축실을 가동시키게 되고, 압축실에 의해 차가워진 공기가 고무 밑창을 통과해 신발로 들어가게 돼요.

905 **특허** 번호 US5130161은 '기대수명 시계'예요. 시계는 생활방식에 대한 질문을 던지고, 사람이 거기에 대답을 하면 시계가 세팅이 되어요. 그러면 지구에서의 남은 수명이 화면에 년 수, 달 수, 일 수와 시간으로 나타나요.

187

사람에 대한 재미있는 이야기

아~하고 말하고 가만히 있으세요!

잉크 맛이 날 수도 있어요!

906 **모든** 사람은 특유의 혓바닥 자국을 갖고 있어요.

907 **사람의** 오른쪽 폐는 왼쪽 폐보다 많은 양의 공기를 빨아들여요.

908 **여자의** 심장 박동은 남자보다 빨라요.

909 **바셀린의** 발명가는 매일 아침 한 스푼의 바셀린을 먹었어요.

910 **알베르트** 아인슈타인은 절대 양말을 신지 않았어요.

알베르트 아인슈타인은 절대 양말을 신지 않았어요…. 왜냐하면 그는 항상 긴 반바지를 입고 슬리퍼를 신어서 양말을 신으면 정말 꼴불견처럼 보였거든요.

911 우주 비행사들은 우주에 있을 때 키가 커져요.

912 복사기가 고장 나는 이유
중 23퍼센트는 사람들이
자신의 엉덩이를 복사하기
때문이에요.

913 우주에서는 중력이
부족해서 울 수 없어요.

914 빌 게이츠의 집은
매킨토시 컴퓨터를 이용해
디자인되었어요.

915 오직 1퍼센트의
박테리아만이 사람에게 해로워요.

916 사람은 뇌의 25퍼센트를 눈에 써요.

917 **1946년** 브라질에서는 어느 여자가 열 쌍둥이를 낳았어요. 여덟 명의 여자아이와 두 명의 남자아이였죠.

918 **나사의** 우주비행사가 되기 위해서는 키가 182cm를 넘어서는 안 돼요.

919 **사람의** 혀는 네 가지 기본적인 맛들을 느낄 수 있어요. 짠맛과 단맛은 혀의 앞부분에서 느낄 수 있고, 쓴맛은 혀의 뒷부분에서, 신맛은 혀의 옆부분에서 느낄 수 있어요.

920 **평균적으로** 사람들은 1분에 24번가량, 그리고 1년에 1250만 번가량 눈을 깜빡여요.

190

921 **결혼반지를** 왼쪽 손의 약지에 끼는 이유는 사람들이 이 손가락의 정맥이 심장으로 바로 연결되어 있다고 믿었기 때문이에요.

922 **사람의** 꿈은 평균 2에서 3초간 지속된다고 해요.

923 **사람의** 뼈 중 25퍼센트는 두 발에 있어요.

만약 사람의 뼈 중 25퍼센트가 두 발에 있다면…, 저는 방금 제 몸에 있는 뼈의 사분의 일을 부러뜨린 거네요!

924 **알베르트** 아인슈타인의 눈은 그가 죽은 해인 1955년부터 금고에 보관되었고, 1994년에 경매에 팔렸어요.

다음으로 우리 경매에서는 N425번 물건을 소개해 드립니다. 이름하여 '사랑스러운 병 안의 두 눈알!'. 음…. 저…, 네…. 원래는 아인슈타인 씨의 것이었네요.

그래서…. 아인슈타인 씨의 몸을 수집하는 수집가분들, 첫 입찰 없습니까?

925 **인도에서** 한 해에 태어나는 아이들의 수는 호주의 인구수(2200만 명)보다 많아요.

926 **기원전** 5000년에는 전 세계의 인구수가 500만 명밖에 되지 않았어요.

927 **만약** 모든 중국 사람들이 한 줄로 서 있고, 당신이 그 줄의 길이만큼 걸어야 한다고 하면, 당신은 새로 태어나는 아이들 때문에 평생 걸어야 할 거예요.

928 **매년** 4000명의 사람이 자기 혼자 찻주전자 때문에 다쳐요.

929 **사람의** 손목에서 팔꿈치까지의 길이는 발의 길이와 같아요.

930 **미국** 가정의 10퍼센트가량은 애완동물에게 핼러윈 복장을 입혀요.

931 동맥은 피를 심장에서부터 운반해요. 정맥은 피를 심장으로 운반해요.

932 경제 조사 서비스의 연구에 의하면 서양 국가에서 생산된 음식의 27퍼센트는 쓰레기통에 버려진다고 해요. 하지만 전 세계 중 12억의 사람들은 여전히 굶주리고 있어요.

933 여자들은 남자들보다 맛봉오리 수가 더 많아요.

934 인구수가 10억 명이 훨씬 넘는 중국에는 200개의 성씨밖에 없어요.

935 사람은 하루에 2만 3000번 숨을 들이쉬고 내쉬어요.

936 **서양** 국가 사람들의 평균 키는 150년 동안 10cm나 늘었어요.

937 **미국** 버지니아주의 로이 설리번이라는 사람은 일곱 번이나 번개에 맞았어요.

(만약 서양 사람들의 평균 키가 150년 동안 10cm 늘었다면…, 5000년 후에는 이 정도 키가 될 수 있겠지.)

(와!)

(이미 번개 때문에 일곱 번이나 다쳤어. 심지어 오늘 아침에도 다치고 바지까지 타버렸어. 이런! 다시는 다치지 않을 거야!)

938 **20명** 중 한 명은 갈비뼈가 하나 더 있어요.

939 **더글러스** 베이더는 1910년 런던에서 태어났어요. 더글러스는 제2차 세계대전 때 영국 공군에서 일했지만, 비행기가 부서지며 두 다리를 모두 잘라내어야 했어요. 그 후 더글러스는 편대장이 되어 브리튼 전투에서 훌륭한 성과를 거두었어요. 그는 1941년까지 23번의 전투를 승리로 이끌었고, 영국 공군에서 다섯 번째로 높은 성과를 거두었어요.

940 **뉴질랜드는** 여자에게 투표권을 준 최초의 나라예요.

941 **사람은** 평균적으로 하룻밤에 적어도 일곱 개의 꿈을 꿔요.

942 **따뜻한** 날씨에 시체를 밖에 두면 9일 만에 백골이 돼요.

943 **세상에서** 가장 흔한 이름은 모하메드예요.

944 **1973년** 과자점 주인이 자신의 유언에 따라 초콜릿으로 만든 관 속에 묻혔어요.

945 **맛봉오리는** 수명이 십 년 정도 돼요. 물론 몸에서는 새로운 맛봉오리를 항상 만들고 있어요.

946 **인도에서는** 외출할 때 머리 뒤로 마스크를 써요. 호랑이는 사냥할 때 뒤에서 공격하기 때문에, 이 마스크로 호랑이를 속일 수 있어요.

947 **중국에** 있는 페킹덕 레스토랑에는 9000명이 앉을 수 있어요.

948 **색맹은** 여자보다 남자에게 열 배 더 흔하게 나타나요.

949 **사람은** 삶의 삼분의 일을 자면서 보내요.

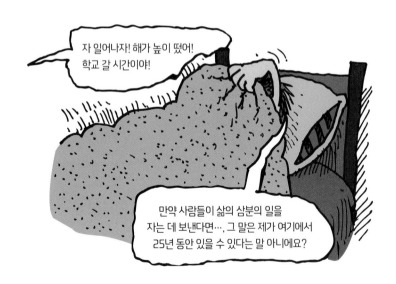

전 색맹이에요! 방금 신호등이 빨간색이었나요, 초록색이었나요? 저한테는 다 똑같아 보여요!

자 일어나자! 해가 높이 떴어! 학교 갈 시간이야!

만약 사람들이 삶의 삼분의 일을 자는 데 보낸다면…, 그 말은 제가 여기에서 25년 동안 있을 수 있다는 말 아니에요?

950 **일본의** 로봇들은 조합비를 내요.

951 **음부티** 피그미족은 세계에서 가장 작은 사람들이에요. 피그미족의 남자 평균 키는 137cm예요.

952 **사람에게** 잠을 못 자게 하면, 굶는 것보다 더 빨리 생명을 앗아갈 수 있어요.

953 **우광병(Boanthropy)은** 자기가 황소라고 믿는 병이에요.

954 **사람은** 음식이 침과 섞이지 않으면 맛을 느낄 수 없어요. 예를 들어, 소금을 마른 혀 위에 올리면 맛봉오리에서 맛을 느낄 수가 없어요. 하지만 침 한 방울이 소금을 녹인 순간, 우리는 소금의 맛을 느낄 수 있어요.

955 티베트인과 몽골인은 차를 마실 때 설탕 대신 소금을 넣어요.

956 혀는 사람의 몸에서 가장 강한 근육이에요.

957 모기는 최근에 바나나를 먹은 적이 있는 사람을 더 좋아해요.

나는 바나나를 좋아해…. 그리고 내가 바나나를 좋아해서…, 모기들이 나를 좋아해!

958 마사이족은 야생동물이 먹을 수 있도록 시체를 밖에 두어요.

959 파푸아뉴기니의 어떤 마을들은 걸어서 20분밖에 걸리지 않지만 서로 다른 언어를 사용해요.

960 네안데르탈인의 뇌는 지금 우리의 뇌보다 컸어요.

그래서 당신 네안데르탈인들은 우리보다 큰 뇌를 가지고 있다고요? 흠….

우가아아

그럼 당신이 우리보다 더 똑똑하다는 말인가요?

우가아

당신 어머니는 군화를 신고 계셔요!

우가아

그렇게 말할 줄 알았어요!

961 **한** 켤레의 가죽 신발에는 한 사람이 먹으면서 일주일간 버틸 수 있는 정도의 영양분이 들어있어요.

962 **나폴레옹** 보나파르트의 음경은 1972년 경매에 올라왔어요. 그것은 3800달러에 팔렸어요.

963 **사람은** 평균적으로 밤에 키가 6.2mm 더 커요.

964 **이누이트(에스키모족)는** 음식을 얼지 않게 하려고 냉장고를 써요.

965 **사람** 몸에서 유일하게 피를 공급해주지 않아도 되는 부위는 눈에 있는 각막이에요. 각막은 공기에서부터 직접 산소를 받아들여요.

966 **손톱은** 3개월에서 6개월 정도 유지돼요. 손톱은 일 년에 거의 4cm 정도 자라요.

967 **베토벤의** 10cm 머리카락 한 움큼은 1994년 소더비 경매에서 4000유로에 팔렸어요.

경매 번호 122번, 베토벤의 10cm 머리카락 경매가 끝났습니다. 다음 순서로는 경매 번호 123번, 모차르트 침대 밑에서 발견한 벌레가 경매에 올라와 있습니다. 입찰하실 분 계십니까?

968 **왜소증** 환자들은 보통 평범한 키를 가진 자녀를 낳아요.

969 **미국에서는** 청각 장애인들이 청각 장애인이 아닌 사람들보다 더 안전하게 운전한다는 기록이 있어요.

970 **개나** 고양이를 기르는 사람의 40퍼센트가 자신의 지갑 안에 애완동물 사진을 넣어 다녀요.

아니요! 하지만 제 고양이인 해리의 사진은 있어요! 여기요!

혹시 지갑 안에 당신 아이들 사진은 없나요? 그 있잖아요, 사람들에게 자랑하고 다니는 작은 사진 말이에요!

971 **미국인** 중 55퍼센트의 사람만이 태양이 별이라는 사실을 알고 있어요.

972 **사람의** 피부는 계속 떨어져 나가요. 가장 바깥에 있는 피부는 28일마다 한 번씩 완전히 교체되어요.

973 **1980년,** 라스베이거스 병원은 환자가 언제 죽을지 내기를 한 직원에게 정직 처분을 내렸어요.

974 **LA에는** 사람보다 차가 더 많아요.

975 **D.H.로렌스가** 죽었을 때, 그의 시체는 재로 만들어지고, 시멘트와 섞여 여자친구의 벽난로 선반을 만드는 데 쓰였어요.

976 **찰리** 채플린의 시체는 1978년에 스위스 묘지에서 도난당했어요. 강도는 시체의 몸값을 요구했는데, 요구한 몸값은 총 60만 프랑이었어요.

977 **사람의** 간은 비록 80퍼센트가 제거되어도, 간은 원래 크기로 다시 자랄 수 있어요.

978 **맨홀** 뚜껑은 뚜껑보다 작은 원 테두리 위에 놓여 있어서 항상 둥근 모양을 하고 있어요. 즉, 맨홀 뚜껑은 어느 각도로 놓아도 맨홀 구멍 속으로 빠질 수 없어요. 만약 맨홀 뚜껑이 정사각형이나 직사각형이라면 구멍 속으로 떨어질 수도 있었겠죠.

개빈의 얼굴은 정사각형 모양이었어요. 그래서 그는 어려웠지만 둥그런 맨홀로 들어갈 수 있었어요.

979 **사람은** 개가 맡을 수 있는 냄새의 5퍼센트밖에 맡지 못해요.

980 **사람의** 동공은 좋아하는 것을 봤을 때 45퍼센트 정도 커져요.

981 **티베트인은** 소금과 상한 야크(중앙아시아에 사는 솟과 동물) 버터로 만든 차를 마셔요.

982 **가장** 똑똑한 사람조차도 영어의 1퍼센트밖에 쓰지 않았어요.

983 **남자는** 여자보다 40퍼센트만큼 땀을 더 많이 흘려요.

984 **자손이** 가장 많았던 사람은 사무엘 마스트라는 사람이었어요. 사무엘이 1992년에 96세로 세상을 떠났을 때, 그는 824명의 살아있는 자손들이 있었어요.

985 **와플** 기계를 발명한 사람은 와플을 좋아하지 않았어요.

986 **42퍼센트의** 사람들은 샤워하며 소변을 봐요.

987 **미국인들을** 가장 많이 질식시킨 물건은 이쑤시개예요.

988 **평균적으로** 사람은 하루에 15번 웃는다고 해요.

989 **중국의** 인구는 세계 인구의 20퍼센트를 차지해요.

990 **사람** 몸에서 가장 큰 세포는 여자의 생식세포인 난자예요.

991 **사람들은** 자면서 평생 동안 평균 70마리의 곤충들과 10마리의 거미를 먹는다고 해요.

세실은 침실의 창문을 열어놓고 자고 있었는데, 자면서 70마리의 곤충들과 10마리의 거미를 먹었어요. 이 양은 사람들이 자면서 평생 동안 먹는 곤충과 거미의 양이에요.

992 **여성이** 기른 수염 중에서 가장 긴 수염은 27.9cm였어요.

993 **일본어를** 할 줄 아는 사람들은 영어보다 스페인어를 더 빨리 배울 수 있어요. 영어를 할 줄 아는 사람들은 일본어보다 스페인어를 더 빨리 배울 수 있어요.

994 **세상에서** 아이를 가장 많이 출산한 어머니는 69명의 아이들을 낳았어요.

995 **알바니아에서는** 고개를 끄덕거리는 것이 '아니요'를 뜻하고, 고개를 젓는 것이 '예'를 뜻해요.

실례합니다! 제가 길을 잃었는데요, 혹시 이 길이 공항으로 가는 길인가요?

아 당신이 한국말은 잘 못하지만, 고개를 끄덕거리고 있으니…, '예'라는 뜻이겠네요.

오스틴은 알바니아의 여자에게 길을 물을 때 알바니아 사람들은 고개를 젓는 것으로 '예'를, 끄덕이는 것으로 '아니요'를 표현한다는 것을 몰랐어요. 오스틴은 결국 공항 대신에 이웃 지방인 세르비아에 도착하게 됐어요.

996 **당신이** 이 문장을 읽는 동안, 5만 개의 세포들이 새로운 세포들로
교체되었어요.

재채기는 갈비뼈를 부러뜨릴 수 있다고
알려졌지만, 계단을 내려가며 재채기하는 것은
훨씬 위험해요.

997 **아기는** 60시간마다 자신의
몸무게와 같은 무게의 대변을
봐요.

998 **엄청** 가끔 있는 일이긴 하지만,
매우 강하게 재채기를 하면
갈비뼈가 부러질 수도 있어요.

999 **평균적으로** 사람의 몸은
일곱 개의 비누를 만들 수 있는
만큼의 지방을 가지고 있어요.

어머, 살 많이 빠졌네요, 엄청 좋아 보여요!

맞아요, 체릴! 그리고
여기 당신에게 줄 선물도
조금 있어요.

체릴은 사람의 몸에 일곱 개의 비누를 만들 만큼의
지방이 있다는 것을 알아냈어요.

1000 아기들은 슬개골 없이 태어나요. 슬개골은 아이가 만 두 살이 될 때까지 발달하지 않아요.

1001 세상에서 가장 오래 산 사람은 122살까지 살았다고 해요.

요양원에 계신 밥 할아버지는
생일 케이크의 초를 끄며 소원을 빌려
했어요…. 하지만 초가 122개나 되었기 때문에 불길이 너무 세서 케이크에
소원을 빌 수 없었어요.